直缝管多丝埋弧焊焊接缺陷分析

王立柱　著

中国石化出版社

内 容 提 要

焊接缺陷是影响焊接质量及工件使用寿命的重要因素，焊接缺陷产生的原因多种多样，同种焊接缺陷在不同条件下可能有不同的产生原因，如何从众多因素中找出产生缺陷的直接原因，是解决焊接缺陷问题的关键点。本书通过大量生产实例，对直缝埋弧焊管生产过程中遇到的各种焊接缺陷，如夹渣、气孔、咬边、裂纹、未焊透等，通过无损检测、理化试验分析，并结合现场调查，从人、机、料、法、环等几方面找出导致缺陷产生的主要原因，并制定相应的防范措施。

本书可供焊接生产、研究人员阅读，也可作为高校焊接专业师生参考。

图书在版编目（CIP）数据

直缝管多丝埋弧焊焊接缺陷分析 / 王立柱著 . —北京：中国石化出版社，2022.7（2022.10 重印）
ISBN 978-7-5114-6737-9

Ⅰ.①直… Ⅱ.①王… Ⅲ.①焊接缺陷 Ⅳ.① TG441.7

中国版本图书馆 CIP 数据核字（2022）第 106846 号

中国石化出版社出版发行
地址：北京市东城区安定门外大街 58 号
邮编：100011　电话：(010)57512500
发行部电话：(010)57512575
http://www.sinopec-press.com
E-mail：press@sinopec.com
北京柏力行彩印有限公司印刷
全国各地新华书店经销
*
710×1000 毫米 16 开本 8 印张 4 彩页 116 千字
2022 年 7 月第 1 版　2022 年 10 月第 2 次印刷
定价：60.00 元

前　言

　　焊接缺陷对产品质量有严重的影响，不仅给生产带来许多困难而且使用过程中可能带来灾难性事故。缺陷的存在减小了结构承载的有效截面面积，更主要的是在缺陷周围产生了应力集中。因此，焊接缺陷对结构的静载强度、疲劳强度、脆性断裂以及抗应力腐蚀开裂都有重大的影响。

　　随着国内石油、天然气需求的增加，油气管线建设发展迅速，为提高管线运行的安全性，保证管线的使用寿命，对钢管的焊接质量提出了更高的要求。

　　为适应管线钢管行业及焊接从业人员的需求，本书结合作者自身从事直缝埋弧焊管焊接工作多年经验，对直缝埋弧焊管生产过程中遇到的各种焊接缺陷，通过超声波、X射线工业电视无损检测，结合金相、化学、扫描电镜等理化试验，对缺陷的类型、产生原因进行初判，再对生产现场进行调查，从焊接工艺、焊接材料、焊接设备、钢管准备、操作方法等几方面找出导致产生焊接缺陷的原因，并制定相应的措施避免焊接缺陷的产生。

　　本书可供从事焊接生产和焊接工艺设计的人员阅读，减少焊接缺陷，提升焊接质量；也可作为焊接专业选修教材或教学参考书，对即将入职或初入职焊接行业的人员如何分析焊接缺陷进行指导。

本书在编制过程中得到了渤海装备巨龙钢管有限公司、渤海装备南京巨龙钢管有限公司、渤海装备设计研究院输送装备分院同事的支持和帮助，在此向他们表示感谢。

由于水平所限，本书难免有错误之处，恳请广大读者谅解，并欢迎同行批评指正。

目　　录

第1章　直缝埋弧焊管简介

1.1　直缝埋弧焊管的用途

直缝埋弧焊管是采用埋弧自动焊工艺制造的带有一条或两条直焊缝的钢管。它是当代大中型油气输送用管的主要管型之一，用于陆地和海洋油气、煤浆、矿浆等介质的输送以及海洋平台、电站、化工和建筑结构等。

A25、A、B、X42~X120钢级钢板均可用于直缝埋弧焊管生产，现阶段钢管口径范围为 ϕ 406.4~1422.4mm（16~56in），钢管壁厚范围为6.4~60mm，钢管长度因生产厂家设备能力不同可达到12.5m或18m。

1.2　直缝埋弧焊管特点及发展

优点：

（1）对管径、厚度、钢级适应性强，范围大。既可生产普通和重要结构用钢管，也可以生产高质量的石油、天然气输送钢管。

（2）焊缝及应力水平分布比螺旋管更为合理。单位焊缝长度小，焊接质量好。

（3）由于焊缝焊接时处于水平位置，适合多丝高速焊接，生产效率高。

（4）由于采用微合金化钢板和高韧性焊丝、焊剂匹配及优化焊接工艺规范、控制热输入等工艺措施，可获得高质量的直缝埋弧焊油气输送用管，且主要用于环境恶劣的地震带、冻土带及地形高落差等对钢管要求高强度、高韧性的三、四类地区。

缺点：与螺旋焊管相比，设备要复杂，投资较大，大直径钢管生产要求大宽度厚钢板，且生产成本较高。

我国直缝埋弧焊管在油气输送工程的应用相对其他种类钢管起步较晚，但发展迅速，由最初的依靠进口到100%国产化仅用十年左右，目前已实现高钢级、大口径、大壁厚钢管批量生产。

为实现西气东输工程所需直缝埋弧焊管国产化，2001年中国石油投资建设了国内第一套JCOE直缝埋弧焊管机组。2002年2月华北石油钢管厂巨龙钢管有限公司试制出第一根钢管。2002年6月21日，首批国产直缝埋弧焊管发往现场，用于西气东输工程。

1.3　直缝埋弧焊管制造工艺流程

JCOE直缝埋弧焊管制造工艺流程见图1-1。

超声波板探　　　　铣边　　　　预弯　　　　成型

1#超声波连探　　　外焊　　　　内焊　　　　预焊

1# X光电视检验　　机械扩径　　平头　　　　水压试验

成品检验　　　　2# X光拍片检验　　2#超声波连探　　倒棱

图1-1　直缝埋弧焊管生产流程

1.3.1　钢板超声波检查

在铣边前逐张进行超声波探伤，检验钢板内部是否存在分层缺陷。探伤时用水做耦合剂，探伤后用自带的风干系统将钢板表面的水去除。

1.3.2 铣边

将钢板两侧纵边加工出焊接坡口，保证后续的焊接质量；并将钢板加工到要求的宽度，保证成型、扩径后的管径符合标准要求；机架的宽度可以根据板宽的需要进行调节；钢板由液压装置进行对中后在夹持车上固定，由夹持车带动钢板通过铣刀盘完成铣削；通过改变铣刀角度调节坡口角度；通过垫片改变上、中、下三层刀片的相对位置调节坡口尺寸；通过机械仿形保证坡口尺寸不会因板形变化而有较大的变化。

1.3.3 预弯

将钢板两侧边成型机压不到的地方弯成一定的曲率，保证钢管的几何形状；机架宽度根据板宽进行调节；钢板由辊道输送通过预弯机，预弯机前后各有3~4组对中辊，防止钢板跑偏；预弯为模压步进式，步长1~2m，根据管径大小选择不同曲率的模具。

1.3.4 成型

JCO成型机采用数控轴进行控制。由成型机一侧推料器推动钢板侧向移动，步进将一侧钢板压制成半圆，然后另一侧推料器推动钢板步进压制，将钢板压制成开口钢管。

1.3.5 预焊及修补

采用液压伺服控制多排合拢辊将成型后的钢管开口缝合拢，用链条驱动钢管通过合拢辊，用连续的大功率混合气体（CO_2+Ar）保护电弧焊（MAG）进行打底焊接，为后续的内、外焊做准备。焊接系统采用激光自动跟踪对焊缝错边进行监测。通过调节合拢辊角度及伸缩量控制焊缝错边量。

预焊后用CO_2半自动焊对未焊处或有缺陷处进行补焊。

1.3.6 内、外焊

内、外焊均采用多丝埋弧自动焊。

内焊采用3~4丝共熔池进行焊接，焊丝的角度、间距、干伸长、在坡口中的位置均可调。内焊悬臂固定，焊接车带动钢管行走，焊接车上有两组用于调节钢管焊缝位置的旋转辊；焊剂用经过干燥处理的压缩空气输送，焊后剩余的焊剂由负压回收系统回收并经过筛选、磁选处理；内焊采用机械自动跟踪；1丝采用直流陡降特性电源，其他丝采用交流陡降特性电源，各丝相位角相差90°。

外焊采用3~4丝共熔池进行焊接（目前最多可用到6丝），焊丝的角度、间距、干伸长、在坡口中的位置均可调；外焊悬臂固定，焊接车带动钢管行走，焊接车上有两组用于调节钢管焊缝位置的旋转辊；焊剂靠重力自流输送，剩余的焊剂由负压回收系统回收并经过筛选、磁选处理；外焊采用激光自动跟踪；1丝采用直流陡降特性电源，其他丝采用交流陡降特性电源，各丝相位角相差90°。

1.3.7　扩径前超声波探伤

扩径前采用多通道超声波自动探伤设备对钢管焊缝全长进行检查。探伤仪器可分别检测焊缝的纵向缺陷、横向缺陷和焊缝两侧母材分层缺陷。自动探管端盲区逐根进行超声波手动探伤。

1.3.8　扩径前X射线探伤

扩径前逐根对钢管焊缝全长进行X射线工业电视检查和内焊缝外观检查。

1.3.9　机械扩径

对钢管的全长进行步进式机械扩径，保证钢管尺寸精度，减小钢管内应力并改善钢管内应力的分布状态。扩径悬臂固定，链条驱动夹钳带动钢管行走。根据钢管规格选择扩径头尺寸。扩径率在0.4%~1.4%之间，根据钢管的钢级、壁厚选择适当的扩径率。

1.3.10　平头

采用火焰切割切取钢管试验管段或切除缺陷。

1.3.11 水压试验

检测钢管屈服强度、气密性是否满足标准要求，并降低残余应力。

$$P=2St/D$$

式中 P——静水压试验压力，MPa；

      S——环向应力，MPa，一般为钢级最小屈服强度的90%或95%；

      t——公称壁厚，mm；

      D——公称外径，mm。

1.3.12 倒棱

按项目技术标准要求规定的几何尺寸及精度，同时对钢管的两个端面进行坡口加工，以满足钢管现场焊接的需要。

1.3.13 扩径后超声波探伤

钢管在扩径、水压试验后，采用在线超声波自动探伤仪对钢管焊缝、热影响区及其附近母材进行检查。自动探管端盲区逐根进行手动超声波检查。

1.3.14 磁粉检查（必要时）

管端焊缝及坡口面、补焊焊缝需进行磁粉检查。

1.3.15 扩径后X射线检查

扩径、水压试验后逐根对管端至少300mm长度范围内的焊缝进行X射线拍片或抓图检查。

1.3.16 外观几何尺寸检查

（1）检查项目：

外观质量：管体表面沟槽、划痕、凹坑、咬边、电弧烧伤等；补焊焊缝位置、修补数量、焊缝成型等。

几何尺寸：管道长度、壁厚、平直度、管端与管体直径、椭圆度、焊缝余高、切斜、钝边、噘嘴、错边等。

（2）喷标和记录：

保证钢管可追溯性。

①标识位置；

②管号、炉号、长度、钢级、壁厚等信息。

1.3.17　理化试验

按炉批取样检验钢管母材及焊缝的性能是否满足标准要求。

试验项目包括拉伸、弯曲、冲击、硬度、金相、化学成分、落锤撕裂等。

1.4　直缝埋弧焊管的焊接工艺简介

1.4.1　上料

钢板上料后在两端焊上引、熄弧板，以减少管端起、熄弧时产生的焊接缺陷。

1.4.2　坡口加工

焊接坡口为X形带钝边，见图1-2。

因成型后钢板上表面成为钢管内表面，所以铣边上坡口对应钢管内坡口，铣边下坡口对应钢管外坡口，见图1-3。坡口角度及钝边高度根据焊接工艺需要制定。钝边角度根据公式计算后选择最接近的刀块角度。

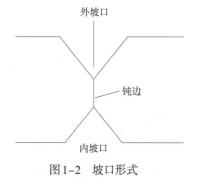

图1-2　坡口形式

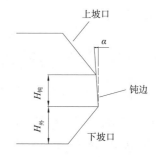

图1-3　铣边后的单边坡口

$$\alpha=H_{钝}/\left[D（1-\eta）-2H_{外}\right]\times360°\qquad（1-1）$$

式中　α——钝边角度，（°）；

　　　$H_{钝}$——钝边高度，mm；

　　　D——管径，mm；

　　　η——扩径率；

　　　$H_{外}$——外坡口深度，mm。

$$C=（D-t）\pi/\eta-\delta\qquad（1-2）$$

式中　C——钢板宽度，mm；

　　　D——钢管外径，mm；

　　　t——壁厚，mm；

　　　η——扩径系数，$\eta=1+k$，k=扩径率，k=0.4%~1.4%；

　　　δ——成型延展，mm

常用坡口角度及尺寸见表1-1。

表1-1　常用坡口角度及尺寸

壁厚/mm	外坡口角度/（°）	外坡口深度/mm	内坡口角度/（°）	钝边高度/mm
10.3	120	3.8	90	4.5
12.7	90	5.5	90	4.7
16	80	6.7	80	5.0
17.5	70	6.7	80	5.5
21	70	8.8	70	6.0
26.4	70	10.3	70	8.0
30.2	60	12.5	70	9.5

1.4.3　预焊

采用直流平特性电源。

壁厚10mm以上用ϕ3.2mm焊丝，电流800~1100A，电压22~24V，焊速2.5~4.0m/min。

壁厚10mm以下用ϕ2.4mm焊丝，电流600~750A，电压22~24V，焊速3.5~4.0m/min。

7

保护气CO_2与Ar的比例为20%：80%，压力0.5~0.6MPa，流量40~60L/min。

1.4.4 内焊

管径ϕ610mm以下用3丝；壁厚12.5mm以下用3丝；其余的可以用4丝。

电流依次减小，电压依次增大。

焊丝间距16~20mm，干伸长26~35mm。

1.4.5 外焊

壁厚12.5mm以下用3丝；其余的可以用4丝。

电流依次减小，电压依次增大。

焊丝间距16~20mm，干伸长26~35mm。

常见4机头焊枪布置如图1-4所示，α为焊丝相对于垂直面倾角，（°）；正负号表示倾斜方向；L为焊丝干伸长，导电嘴下表面到钢管上表面的距离，mm；S为焊丝间距，相邻两根焊丝间距离，mm。

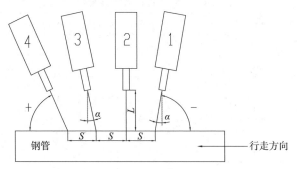

图1-4 4丝机头焊枪布置图

α—焊丝倾角；S—焊丝间距；L—干伸长

常见厚壁钢管内外焊焊接工艺参数见表1-2。

表1-2 常用焊接工艺参数表

	内焊							外焊						
	3丝焊			4丝焊				3丝焊			4丝焊			
	1	2	3	1	2	3	4	1	2	3	1	2	3	4
角度/（°）	−6	8	18	−12	0	13	23	−6	8	18	−12	0	15	25

续表

壁厚/mm	内焊 3丝焊				内焊 4丝焊				外焊 3丝焊				外焊 4丝焊			
丝距/mm		18	18		18	18	18			18	18		18	18	18	
	电流	电压	焊速	丝径	电流	电压	焊速	丝径	电流	电压	焊速	丝径	电流	电压	焊速	丝径
	A	V	m/min	mm	A	V	m/min	mm	A	V	m/min	mm	A	V	m/min	mm
10.3	600	34	1.55	4.0					700	32	1.55	4.0				
	550	38		3.2					650	38		3.2				
	500	40		3.2					500	40		3.2				
12.7	800	32	1.70	4.0					850	32	1.70	4.0				
	650	36		4.0					700	38		4.0				
	500	40		3.2					500	40		3.2				
16	800	32	1.35	4.0	900	32	1.7	4.0	980	32	1.50	4.0	900	32	1.65	4.0
	650	37		4.0	700	36		4.0	750	38		4.0	700	36		4.0
	500	39		3.2	550	38		3.2	550	40		3.2	550	38		4.0
					500	40							500	40		3.2
17.5					950	32	1.65	4.0					950	32	1.60	4.0
					700	36		4.0					700	36		4.0
					550	38		4.0					550	38		4.0
					500	40		3.2					500	40		3.2
21					950	32	1.65	4.0					1100	32	1.65	4.0
					800	38		4.0					800	38		4.0
					700	40		4.0					700	40		4.0
					600	40		3.2					600	40		3.2
26.4					980	32	1.30	4.0					1100	32	1.30	4.0
					800	36		4.0					800	36		4.0
					750	38		4.0					750	38		4.0
					600	40		3.2					550	40		3.2
30.2					1150	32	1.20	4.0					1150	34	1.20	4.0
					850	36		4.0					800	38		4.0
					750	38		4.0					700	41		4.0
					600	40		3.2					550	40		3.2

1.4.6 焊接坡口尺寸设计原则

（1）X形坡口，钝边尺寸最小为4mm，单边坡口角度30°~60°，常用角度35°、40°、45°。

（2）坡口宽度、深度应能保证内焊跟踪轮及预焊、外焊激光跟踪的需要。

（3）设计坡口尺寸时应考虑坡口尺寸对焊缝成型系数、截面形貌的影响。

（4）随壁厚增加，坡口角度逐渐减小，钝边逐渐增加。

（5）钝边尺寸以确保预焊及内焊不烧穿、内外焊焊透为原则。

（6）坡口深度，下坡口略大于上坡口，以保证焊接后内外焊缝截面形貌基本对称。

（7）坡口角度，在避免各类焊接缺陷的前提下应尽量小，以减少填充金属量，降低热输入，避免组织恶化；对薄壁钢管，适当增大坡口角度以减小焊缝余高，改善坡口激光自动跟踪效果。

第 2 章　直缝埋弧焊管常见缺陷及
分析方法

2.1　外观缺陷

2.1.1　不直度

钢管弯曲，见图2-1。

2.1.2　椭圆度

钢管外形不是一个规则的圆，见图2-2。

图 2-1　钢管不直

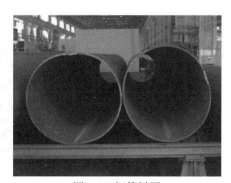

图 2-2　钢管椭圆

2.1.3　噘嘴

钢管焊缝两侧局部轮廓线与理论轮廓线的差值，分为内噘和外噘两种，如图2-3所示。

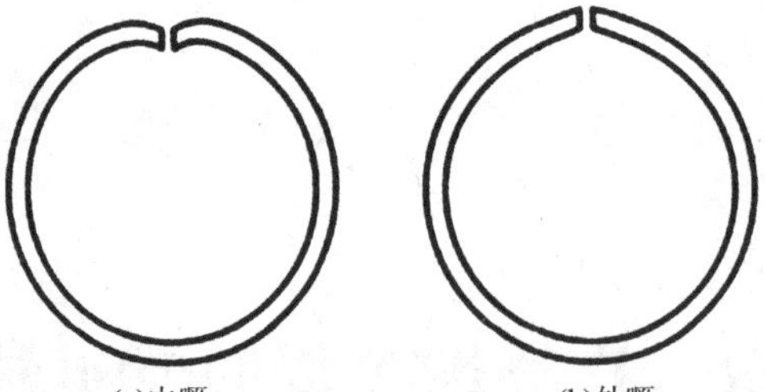

(a)内噘　　(b)外噘

图2-3　钢管噘嘴

2.1.4　压坑

钢管表面局部因外物引起的凹痕，如图2-4所示。

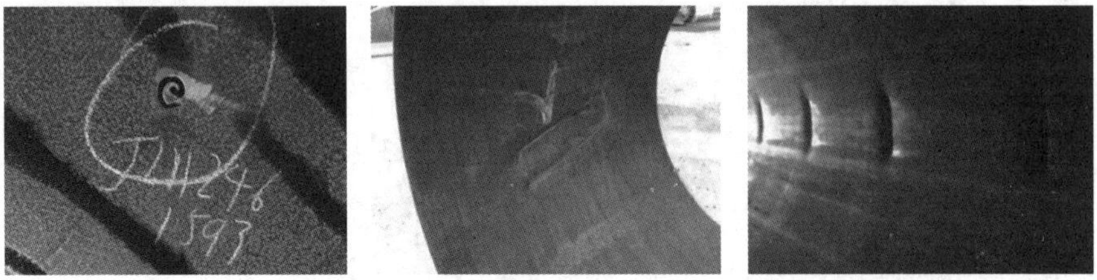

(a)铣边压坑　　(b)成型压坑　　(c)扩径压坑

图2-4　压坑

2.1.5　划伤

钢管表面有一定深度的划痕，如图2-5所示。

图2-5　钢板表面划伤

2.1.6　磨伤

在钢管表面形成的中间深，两边浅，表面有平行管长方向的划痕，有时成对出现，沿钢管周向距离较小，沿钢管纵向距离较长，见图2-6。

图2-6　辊道磨伤

2.2　焊接缺陷

2.2.1　咬边

咬边是焊缝金属在邻近焊趾的母材上形成的凹槽和未充满，如图2-7所示。

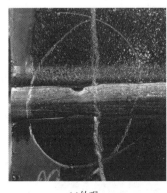

(a)外观

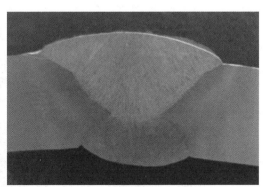

(b)宏观

图2-7　咬边

2.2.2　气孔

1）氮气孔

焊缝表面出现的蜂窝状气孔，如图2-8所示。

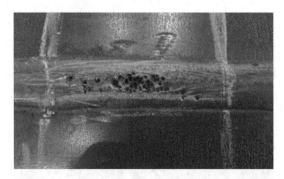

图2-8　氮气孔

2）氢气孔

焊缝内部出现的贯穿到焊缝表面的，呈喇叭口形气孔，如图2-9所示。

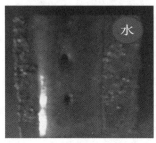

(a)外观　　　　　　　　　　(b)宏观

图2-9　氢气孔（彩图见附录）

3）一氧化碳气孔

焊缝表面出现在焊缝中心的圆形气孔，在壁厚方向呈锥形，在工业电视上有时可看到成串出现，如图2-10所示。

(a)外观　　　　　　　　　　(b)工业电视图像

图2-10　一氧化碳气孔（彩图见附录）

4）虫孔

焊缝内部出现的沿结晶方向生成的条虫状一氧化碳气孔，生产小口径薄壁管时易产生，如图2-11所示。

(a)宏观　　　　　　　　　(b)工业电视图像

图2-11　虫孔

5）夹珠

焊缝内部出现气孔中间带有填充物，在工业电视上看是白色圆圈中间有黑点，如图2-12所示。

(a)宏观　　　　　　　　　(b)工业电视图像

图2-12　夹珠（彩图见附录）

2.2.3　夹渣

1）外焊夹渣

夹渣深度位于外焊缝熔合线，如图2-13所示。

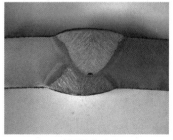 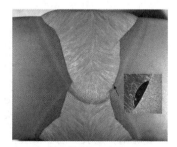

(a)外焊根部夹渣　　　　　　　　　(b)外焊侧面夹渣

图2-13　外焊缝夹渣

2）内焊夹渣

夹渣位于内焊缝熔合线位置，如图2-14所示。

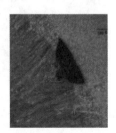

(a)宏观   (b)局部放大

图2-14 内焊侧面夹渣

2.2.4 裂纹

1）纵向裂纹

位于焊缝中心沿焊缝长度方向开裂，如图2-15所示。

(a)工业电视图像   (b)宏观放大

图2-15 纵向裂纹

2）横向裂纹

垂直于焊缝长度方向在焊缝边缘浅表面开裂，如图2-16所示。

(a)外观   (b)横断面

图2-16 横向裂纹

3）铜裂纹

铜进入焊缝或母材中引起的裂纹，如图2-17所示。

4）扩径裂纹

扩径后出现在焊缝两侧沿焊趾开裂，如图2-18所示。

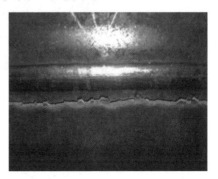

图2-17　铜裂纹　　　　　　　图2-18　扩径裂纹

2.2.5　未熔合

焊道与母材（或焊道）之间未能完全熔化结合的部分，如图2-19所示。

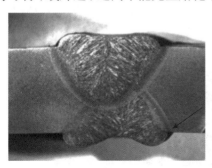

(a)宏观　　　　　　　(b)局部放大

图2-19　未熔合

2.2.6　电弧烧伤

钢管母材表面由电弧造成的局部熔化点，如图2-20所示。

2.2.7　错边

焊接接头两侧母材没有对齐，如图2-21所示。

图2-20　电弧烧伤

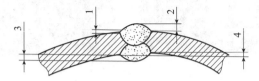

图2-21　错边测量图

1—外部错边；2—外焊缝高度；
3—内焊缝高度；4—内部错边

2.2.8　烧穿

焊接时液态熔池金属从焊缝背面流出所形成的孔洞，如图2-22所示。

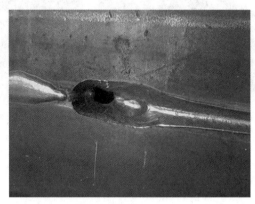

图2-22　烧穿

2.2.9　未焊透

焊接时接头根部未完全熔化的现象，如图2-23所示。

图2-23 未焊透

2.2.10 焊偏

内外焊缝中心线间距较大，不在一条直线上，有时坡口有未焊到的地方，如图2-24所示。

(a)外观　　　　　　(b)工业电视图像　　　　　　(c)宏观

图2-24 焊偏

2.2.11 未填满

焊缝局部低于母材，且表面有未被熔化的坡口，如图2-25所示。

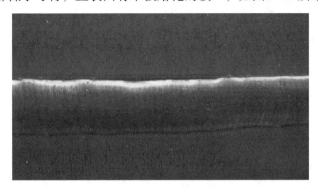

图2-25 未填满

2.2.12 重金属夹杂

焊缝内部出现重金属，在工业电视上看颜色较深，如图2-26所示。

图2-26 重金属夹杂

2.2.13 氢脆

焊缝中氢含量高引起焊缝塑性、韧性下降，如图2-27所示。

图2-27 焊缝氢脆

2.3 母材缺陷

2.3.1 母材夹杂

焊缝边缘的夹杂物或带状组织，如图2-28所示。

2.3.2 母材裂纹

成型或焊接后母材上出现的裂纹，如图2-29所示。

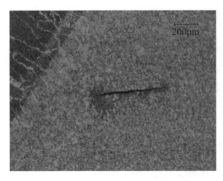

图2-28 热影响区母材夹杂　　　　　图2-29 钢管母材开裂

2.3.3 重皮

轧钢过程中总厚度是由一层以上的材料形成，局部切割后可以观察或者检测到具有缝隙，如图2-30所示。

图2-30 重皮

2.3.4 分层

钢板内部存在的平行于钢板表面的未熔合面（层），破坏了钢板厚度方向的连续性，有时缝隙中有肉眼可见的夹杂物，如图2-31所示。

2.3.5 麻坑

钢板表面存在局部或连续的成片粗糙面，分布着大小不一、形状各异的铁氧化物，脱落后呈现出深浅不同、形状各异的小凹坑或凹痕，如图2-32所示。

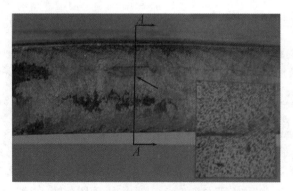

图2-31　分层

图2-32　麻坑

2.3.6　结疤

钢板表面呈现为舌状、块状或鱼鳞状压入或翘起薄片的金属片,脱落后留下的凹坑,如图2-33所示。

图2-33　结疤

2.4　焊接缺陷分析方法

焊接缺陷的分析一般分为以下四个步骤。首先，查清缺陷的位置，以缺陷在焊缝中的长度、宽度、深度三个坐标表示，并结合焊缝宏观形貌判断缺陷在内焊产生还是外焊产生，是在哪一丝的位置产生的。其次，要判断产生的是哪种类型的缺陷，是裂纹、气孔、夹渣、咬边、焊偏、未焊透等缺陷的一种还是几种缺陷的组合，并从中找出哪种是主要的缺陷；如果有条件，将缺陷切下制成金相试样，可以更直观地查看缺陷的信息。再次，根据缺陷产生的原理结合生产实际情况从工艺、设备、材料、操作方法、焊接环境等方面分析缺陷产生的具体原因。最后根据缺陷分析结果制定相应的防止措施。

2.4.1　缺陷的位置

直缝埋弧焊管是单根生产，管端和管体存在差异；焊接时管端和管体的磁场不同；管端的预焊修补量大；管端坡口间隙比管体大；引、熄弧时的电流、电压波动大；焊接过程中钢管弯曲变形导致干伸长变化等。这些差异点的存在导致管端比管体易产生缺陷，且产生缺陷的原因也略有差别。在同种工艺条件下，钢管长度方向上产生的宽度、深度位置相同的同一类型缺陷具有相同的原因。

根据缺陷在焊缝宽度和深度方向的位置，结合焊缝宏观形貌，大概可以判断出缺陷是焊缝中的还是母材中的，是内焊缺陷还是外焊缺陷，可能是在哪一丝的位置产生的。不同位置的缺陷产生的原因不一样。

图2-34所示为直缝埋弧焊管焊缝宏观图，上部焊缝轮廓完整的是外焊缝，深度比壁厚的一半多一点，内焊缝由于被外焊熔化一部分，轮廓根部缺少一部分；内、外焊缝均是焊缝根部窄，顶部宽。无损探伤时以焊缝表面宽度计算缺陷位置，其中包含了部分母材，而母材缺陷是钢板生产过程中产生的，通过调整焊接工艺是无法避免的（少量的板边缺陷可以通过减小板宽来减少）。从焊缝边缘的轮廓线可以看出

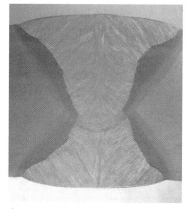

图2-34　焊缝宏观图

内外焊每一丝所处的位置，通过超声波手探确定缺陷在焊缝宽度和深度的位置，可以大概确定是哪一丝产生的缺陷，但需要注意的是，由于探头的制造误差以及使用过程中探头的磨损，对比试块与工件的差异等因素，超声波手探确定的缺陷位置有一定的误差。

2.4.2　缺陷的类型

各种类型的焊接缺陷有各自的产生原理，在进行缺陷分析前要确定是哪种类型的缺陷，缺陷类型判断错误将导致后续原因分析及防范措施的制定出现偏差，不能达到预期的效果。焊接缺陷的类型较多，表面缺陷很容易分辨，如表面气孔、咬边、焊偏、烧穿等，有些细小的表面裂纹超声波探伤时有反射波，但肉眼很难观察到，可以采用磁粉探伤进行检验。焊缝内部缺陷要通过超声波探伤和X射线探伤并结合缺陷的位置进行确定。超声波探伤对裂纹、未焊透、未熔合、母材分层等面积型缺陷比较敏感；而X射线探伤对夹渣、气孔等体积型缺陷比较敏感；有些时候用两种探伤方式结合确定是哪种类型的缺陷。

为了能更好地确定缺陷的位置及类型，将缺陷部位切下，制成金相试样，从金相试样上观察缺陷的具体位置及类型，较小的缺陷可以用光学显微镜进行观察。也可用疲劳试验的方法将尺寸比较小的缺陷断面分离出来。

2.4.3　缺陷原因分析

判断出缺陷的类型及位置后，根据缺陷产生的原理，对生产现场进行相关调查，包括以下几方面内容：

1）缺陷统计

缺陷是单个的还是连续的；

是单根管有缺陷还是多根管有缺陷；

缺陷是哪个焊接岗位产生的；

是哪个班次产生的，操作者是谁。

2）工艺

焊接工艺是否首次使用，钢管规格是否发生了变化；

焊接工艺评定试验焊缝的拉伸、弯曲、冲击、硬度、化学成分检测结果如何；

焊接工艺参数是否进行了调整。

3）原材料

钢板的生产厂家、钢板的性能和化学成分是否有变化；

焊剂型号、厂家、烘干温度、烘干时间、炉批号是否有变化；

焊剂中是否混有杂质；

混合焊剂的比例是否有变化；

焊丝型号、厂家、炉批号是否有变化；

焊丝表面是否有油、锈、硬弯、接头等；

焊丝的化学成分是否有变化。

4）钢管准备

钢管坡口尺寸是否符合工艺要求，坡口参数是否有变化，坡口是否均匀；

坡口内是否有水、油或锈，其来源是哪；

钢管成型情况，钢管是否有轴向错边，坡口偏移量大小，�‍嘴（焊缝附近实际圆弧与理论圆弧的差值）大小；

预焊缝是否连续，厚度是否合适，修补厚度是否合适，内坡口是否有焊瘤。

5）设备

电焊机是否稳定，焊接过程中参数波动大小，电焊机是否有杂音；

是否更换过电焊机，电焊机的相位角是否正确；

送丝机是否正常，送丝轮磨损是否严重，压紧轮是否正常；

送丝软管是否破损；

焊丝校直轮是否过紧；

导电嘴磨损是否严重，导电嘴是否有烧损；

焊接电缆接头是否过热，焊接电缆是否破损；

接地电刷磨损是否严重，压力是否合适，角度是否合适；

焊剂输送管是否损坏，焊剂斗开关是否正常；

焊剂回收是否正常，回收嘴是否刮渣；

焊接车行走是否稳定，导轨上是否有杂物，旋转辊锁紧是否正常；

压缩空气干燥器工作状态是否正常，干燥剂是否失效；

自动跟踪装置是否正常。

6）环境

生产环境的温度、湿度、风力风向是否有变化；

现场调查在缺陷分析中起到非常重要的作用，对现场中存在的可能导致缺陷产生的因素进行检查，询问生产过程中发生的异常现象，部分缺陷从现场调查的情况中可以直接找到产生原因，如氮气孔、烧穿、错边、焊偏等。

2.5 缺陷防止措施

对于任何一种焊接缺陷，理论上可能引起缺陷产生的原因有很多，但具体到钢管焊缝中产生的某种缺陷时，需要从众多因素中找出一个主要的原因，才能从根本上防止缺陷的产生。找到缺陷产生的主要原因后，要进一步深入分析，查找引起这一因素产生变化的问题根源，再针对查找到的问题制定相应的改进措施，并对改进措施的效果进行跟踪，如果缺陷消除或比例大幅降低，说明找到的是缺陷产生的主要原因；反之，则说明找到的不是缺陷产生的主要原因，应重新进行分析查找。当制定的改进措施中焊接工艺参数变化较大时，要重新进行焊接工艺评定，检验焊缝的性能是否符合标准要求。

2.6 金相试样制作流程

（1）选取有代表性的焊缝内部缺陷取样。

（2）确定缺陷在焊缝长度方向的具体位置，将有缺陷的焊缝样块切下，为便于进行超声波手探检测，样块宽度200mm，长度不小于100mm，缺陷距切口端面20mm以上。

用超声波手探进行检测前先挑选探头，校准探伤仪。探伤时，找到缺陷的最高波时，用划针沿探头中心点垂直焊缝划标记线。

超声波不易探到的缺陷，用X射线进行检测。在缺陷处垂直焊缝贴上透度计，探伤，在X射线图像上找到缺陷对应的透度计丝号，在这根丝的两端做标

记，用划针沿标记划线。

（3）将缺陷部位的焊缝切下，加工成长40~50mm（圆周方向），宽13~17mm（焊缝长度方向），厚度为全焊缝的试块，划针标记线在试块的一个端面，试块应能看到标记线。

（4）在磨床上精磨，先将两个端面磨平，再磨有标记线的端面，每次磨削深度不超过0.5mm，每次磨削后检查表面是否能看到缺陷，表面看不到缺陷继续磨削，直到看到缺陷为止。如果磨削的深度之和超过4mm仍没有找到缺陷，说明缺陷定位偏差较大，需要重新取样。

（5）找到缺陷后将有缺陷的端面用细砂纸精磨，并用抛光机进行表面抛光，抛光后用硝酸酒精进行腐蚀。

（6）腐蚀后的试样用低倍放大镜（4倍）看焊缝宏观形貌，结合光学显微镜确定缺陷的种类、位置、组织形态等。如果是裂纹，观察裂纹是穿晶还是沿晶开裂。

（7）用扫描电镜对缺陷断口三维形貌进行观察、分析，对缺陷及周围母材的化学成分进行检测，以便于分析缺陷产生的原因。

第3章 焊接工艺原因产生的缺陷

直缝埋弧焊管采用的多丝埋弧焊,其焊接原理与单丝埋弧焊相同,由于焊丝数量增加,焊接工艺参数增多,焊接工艺较单丝焊复杂。

直缝埋弧焊管常用的工艺参数有坡口尺寸、焊丝种类及牌号、焊剂种类及牌号、焊丝数量、各丝电源种类和极性、各丝直径、各丝电流、各丝电压、各丝倾角、焊接速度、焊丝干伸长、焊丝间距、热输入。在生产一些特殊材料钢管时,要增加焊前预热温度、焊后保温温度。

工艺参数中的任意一项设置不合适,都可能导致焊接缺陷的产生。

因工艺参数不当产生的焊接缺陷,缺陷产生的频率较高,以钢管根数为单位,以相同的工艺参数生产的钢管都会有相同的连续性缺陷,即使更换不同的设备或操作人员,也不会改善。缺陷具有相同特征:在焊缝中的位置相同,超声波探伤时具有相同的波形,工业电视上看到相同的图像。

因工艺原因产生的缺陷主要有气孔、夹渣、裂纹、未焊透、咬边、烧穿等。当焊材选用不当时,可能会出现焊接头强度、韧性、硬度、塑性不符合标准要求的情况。不同种类的缺陷产生的原因不同,根据缺陷的类型、位置,判断是哪个工艺参数不合适产生的缺陷,针对该参数进行调整。但有时也可能是几个工艺参数共同影响的结果,在单一参数调整没有效果时,考虑对几个相关的参数同时进行调整。

3.1 外焊根部夹渣

新生产线投产后第一次生产 ϕ813mm×12.5mm规格钢管,1#超声波连探进行检验时,检测仪连续报警,超声波手探仪复查时横向及纵向均能检测到缺陷,缺陷位于外焊缝中心线上，深度9~10mm。工业电视也能检测到焊缝中有类似夹渣的缺陷存在。

经调查，生产过程中使用的焊丝、焊剂牌号、生产厂家、炉批号都是前期生产其他规格钢管时使用过的，当时没有发现管体较多焊接缺陷；焊丝表面洁净，焊剂中没有杂物；另一条生产线使用相同的工艺参数，生产过程中焊缝缺陷较少；焊接过程中电流、电压稳定，波动很小；焊接车行走速度均匀；钢管坡口尺寸均匀；坡口内无杂物；

根据无损探伤检测结果和调查结果，初步判断缺陷为工艺原因引起的内焊夹渣，对焊接工艺参数进行调整，原定工艺参数如表3-1所示。

表3-1　原定工艺参数

		电流 / A	电压 / V	干伸长 / mm	倾角 / (°)	丝距 / mm	焊速 / （m/min）	坡口角度 / (°)	坡口深度 / mm	钝边高度 / mm
内焊	1	750	34	27 ± 2	−15 ± 2	—	1.60	90		5
	2	600	37	27 ± 2	0 ± 2	18 ± 2				
	3	500	40	27 ± 2	15 ± 2	20 ± 2				
外焊	1	900	34	27 ± 2	−5 ± 2	—	1.70	90	5	
	2	750	37	27 ± 2	8 ± 2	18 ± 2				
	3	500	40	27 ± 2	17 ± 2	20 ± 2				

调整方案一：将内焊焊速降至1.55m/min，外焊焊速降至1.65m/min。

结果：焊接质量未改善，夹渣仍然存在，且内外焊熔深变大，外焊焊缝根部变宽。

调整方案二：调整铣边垫片，将内焊坡口增加0.2mm。

结果：焊接质量未改善，夹渣仍然存在。

调整方案三：将钝边减小至4mm，内焊坡口深度增加1mm。

结果：三次调整焊接质量未改观，夹渣仍然存在。

三次调整焊接质量均未改善，说明调整的方向不对，需要重新对缺陷的原因进行分析。

为了准确判断缺陷的位置及产生原因，将靠近管端的焊缝缺陷切下，用超声波手探定位后，机械加工在焊缝断面上找到缺陷后，制成金相试样，如图3-1所示。

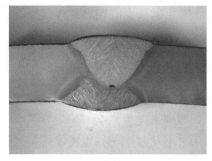
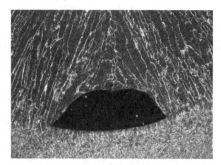

| (a)宏观 | (b)局部放大 |

图3-1　外焊根部夹渣

从图中可以看出，焊缝中的缺陷为外焊缝根部产生的夹渣，且外焊缝熔深偏大。分析认为，外焊一丝电流偏大，整体热输入偏小是夹渣产生的主要原因，据此，对焊接工艺进行了调整，见表3-2。

表3-2　调整方案四

		电流 / A	电压 / V	干伸长 / mm	倾角 / (°)	丝距 / mm	焊速 / (m/min)	坡口角度 / (°)	坡口深度 / mm	钝边高度 / mm
内焊	1	750	34	27 ± 2	−8 ± 2	—	1.60	90		4
	2	600	37	27 ± 2	5 ± 2	18 ± 2				
	3	500	40	27 ± 2	15 ± 2	20 ± 2				
外焊	1	800	34	27 ± 2	−10 ± 2	—	1.60	90	5	
	2	700	37	27 ± 2	5 ± 2	18 ± 2				
	3	600	40	27 ± 2	18 ± 2	20 ± 2				

按调整方案四焊出的钢管没有检测到焊缝夹渣。调整后的焊缝形状如图3-2所示，外焊缝的熔深明显减小。

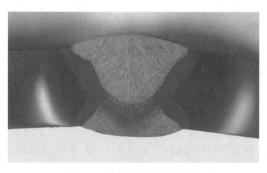

图3-2　调整后的焊缝形状

原因分析：

外焊缝根部夹渣产生的原因是外焊一丝电流偏大，后两丝电流偏小，焊速快，导致焊缝熔深偏大，根部热量偏低，熔化的液态熔渣尚未浮出熔池已凝固。

前几次调整无效是因为夹渣位置判断有误。

经验总结：

（1）不同焊接设备使用的焊接参数有差异。

（2）超声波手探进行缺陷定位有偏差。

（3）确认缺陷位置是正确分析缺陷产生原因的前提。

（4）外焊缝根部夹渣产生原因是一丝电流过大。

3.2 焊缝熔合线夹渣

在厚壁直缝埋弧焊管的生产中，焊缝夹渣（图3-3、图3-4）是影响焊缝质量的主要缺陷之一，尤其是壁厚25mm以上的钢管焊缝夹渣较多。例如在用表3-3中工艺1生产 ϕ 1016mm×26.2mm钢管时，初期焊缝夹渣比例达到30%。

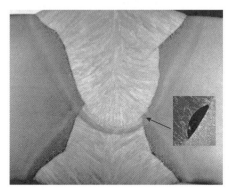

图3-3 外焊熔合线夹渣

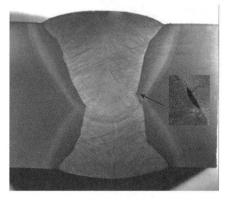

图3-4 内焊熔合线夹渣

查阅相关资料得知，坡口角度、坡口深度、钝边高度、焊接电流、焊接电压、焊接速度等对焊缝成型均有影响。因此，先从改变坡口角度、钝边尺寸，调整电流及焊速方面着手进行改进试验。

表3-3　工艺参数

工艺	岗位	电流 /A				电压 /V				焊速 /(m/min)	坡口角度 /(°)	坡口深度 /mm	钝边高度 /mm	钝边角度 /(°)
		1	2	3	4	1	2	3	4					
1	内焊	1070	950	820	710	32	38	40	42	1.45	70		7	4
	外焊	1150	980	670	570	32	38	40	42	1.50	60	10		
2	内焊	950	800	700	600	32	38	40	40	1.30	70		8	4
	外焊	1100	900	700	600	32	38	40	40	1.30	70	10.5		
3	内焊	950	800	700	600	32	38	40	40	1.30	70		8.2	3
	外焊	1100	800	750	600	32	38	40	40	1.30	70	10.3		

表3-3工艺2生产的钢管焊接缺陷比例在10%左右，现场调查时，内焊岗位的焊工反映，成型后内嘛嘴的钢管钝边合缝比较严，缺陷较少；成型后外嘛

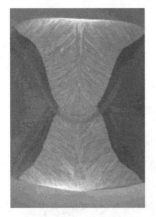

图3-5　修改后焊缝宏观

嘴的钢管钝边开缝较大，缺陷较多；在控制成型后嘛嘴为内嘛，钢管钝边合严后，焊接缺陷降到5%左右，说明钢管钝边合缝情况对焊接质量有影响。从理论上分析，钝边合缝不严相当于钝边留有间隙，钝边间隙的大小影响焊缝的熔深，从而影响焊缝的形状。钝边间隙的大小是受钝边角度及嘛嘴值影响的。改用3°钝边刀，同时控制成型后嘛嘴，并对焊接工艺略做调整。按表3-3工艺3生产，钢管夹渣缺陷比例小于3%，焊缝形状如图3-5所示。

原因分析：

焊缝的形状对焊接缺陷的产生有很大影响，调整焊接工艺，取得良好的焊缝形状是保证焊接质量的关键。产生焊缝熔合线夹渣的原因是熔合线温度过低，液态熔渣来不及析出所致。导致熔合线温度过低的原因是加热的峰值温度太低或冷却速度过快。

在其他条件相同时，焊缝熔深随坡口角度增大而增大，随坡口深度增大而增大，随钝边尺寸的减小而增大，随钝边间隙增大而增大，随焊速的减小而增大。当线能量不变时，随焊缝熔深增大，熔合线最高温度降低，焊缝易产生夹渣。

经验总结:

(1)焊接参数对焊接质量有较大影响。

(2)坡口尺寸及钝边间隙对焊接质量有影响。

(3)焊缝形貌对焊接质量有较大影响。

(4)选择与理论值最接近的钝边角度。

3.3 薄壁管焊接工艺改进

在首次生产ϕ610mm×8.7mm钢管时,焊接缺陷较多,其中主要缺陷是内焊缝气孔(图3-6)和内焊烧穿(图3-7)。

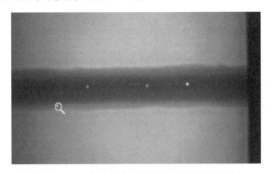

图3-6 工业电视气孔图像(彩图见附录)

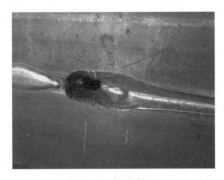

图3-7 烧穿外观

为防止预焊缝将外坡口填满导致外焊无法跟踪,预焊首次采用ϕ2.4mm焊丝,参数不稳定,焊接过程中电流波动很大,焊缝忽高忽低,表面气孔较多,内焊时预焊缝较薄的地方产生烧穿。内焊缝气孔的产生是因为内焊一丝电流小,焊速快。

为减少气孔及烧穿缺陷，对焊接工艺进行了改进，见表3-4方案二。

表3-4　焊接工艺数

	焊道顺序	电极顺序	焊接电流 /A	焊接电压 /V	焊丝直径 /mm	焊接速度 /（m/min）	钝边高度 /mm	内坡口深度 /mm
方案一	预焊	—	650	24	2.4	3.0	4.0	1.5
	内焊	1	600~650	34	4.0	1.65~1.80		
		2	500~550	38	4.0			
		3	450~500	40	3.2			
方案二	预焊	—	800	24	3.2	3.0~3.2	4.8	1.5
	内焊	1	650~700	34	4.0	1.5~1.55		
		2	550	38	4.0			
		3	500	40	3.2			
方案三	预焊	—	650	24	2.4	3.5	4.0	1.5
	内焊	1	650	34	4.0	1.70		
		2	500	38	3.2			
		3	450	42	3.2			

两次生产统计情况见表3-5。

表3-5　缺陷统计表

	焊接数量	缺陷数量、类别						缺陷根数	一通率 /%
		夹渣	气孔	咬边	烧穿	其他	总计		
方案一	166	9	50	12	11	2	84	74	55.4
方案二	140	3	17	5	0	12	37	25	82.1

在采用方案二生产后，焊接缺陷明显减少。

在后续生产 $\phi 711mm \times 8.8mm$ 钢管时，分析 $\phi 610mm \times 8.7mm$ 生产时预焊使用 $\phi 2.5mm$ 焊丝焊缝质量差的原因，认为是送丝轮V形槽太深，送丝不稳定。改用V形槽较浅的送丝轮，并对内焊工艺参数进行调整（见表3-4方案三）。按方案三生产后，预焊缝焊接质量良好，内焊缝气孔得到控制，焊接一通率为95%。

经验总结：

（1）送丝轮尺寸应与焊丝直径相匹配。

（2）预焊缝质量对内焊影响较大。

（3）电流较小时采用细丝。

3.4　焊缝表面横向裂纹

在直缝埋弧焊钢管生产过程中，某几个规格的钢管焊缝检测到横向裂纹，见图3-8。壁厚10~20mm，直径ϕ508~813mm，在内外焊缝上均发现过位于焊缝边缘的横向热裂纹，从焊趾向焊缝中心开裂，裂纹的长度为2~5mm，深度从焊缝表面开始向下1~2mm，大部分裂纹在焊缝加强高内。

300μm

图3-8　焊缝表面横向裂纹

通过对裂纹金相试样的检测，在焊缝裂纹表面有清晰可见的铜斑，委托天津大学、北京钢铁研究院等单位进行电镜扫描分析证实，在裂纹表面有大量的铜存在，铜是引起焊缝产生裂纹的主要原因。

根据对裂纹的检测分析结论，在焊接材料及焊接设备方面进行了改进以降低铜的来源：与焊丝厂合作将镀铜焊丝改为不镀铜焊丝；导电杆内聚四氟乙烯软管定期更换，防止导电杆磨损；改用硬质合金导电嘴，减少因导电嘴磨损而产生的铜屑；使用新焊剂进行生产以及定期清理焊接机头等措施。采用以上措施后，焊缝横向裂纹的数量明显减少，但仍有少量的裂纹产生。

钢管生产过程中出现的焊缝横向裂纹统计情况表明，裂纹的分布规律为：薄壁管和厚壁管较少，中间壁厚（12~16mm）较多；大管径较少，小管径较多。

对不同管径、不同壁厚钢管内焊时的焊接情况进行比较发现，薄壁管内焊时，焊缝背面红线呈亮白色，厚壁管内焊时，焊缝背面红线呈暗红色，而中间壁厚管内焊时，焊缝背面红线亮度介于两者之间。这种现象说明不同壁厚的钢管内焊时焊缝背面的温度有较大差异，这个差异将引起在钢管壁厚方向纵向应力分布状态不同。

对焊接工艺进行调整以减小焊接应力；加大钝边尺寸，减小内焊坡口深度，减小内焊电流，使内焊时焊缝反面温度降低、红线变暗；加大外焊坡口深度，加大外焊电流，使外焊时反面温度升高、红线变亮。采取这些措施后，焊缝表面横向裂纹消除。

原因分析：

裂纹的产生有两个条件：一是焊缝中有脆性相；二是拉应力。拉应力过大时即使焊缝中没有脆性相也可能产生裂纹。降低焊缝中的拉应力，也可以控制裂纹的产生。

经验总结：

（1）直缝管焊接过程中焊缝表面的拉应力最大。

（2）调整焊接坡口尺寸及热输入，减少焊接应力。

（3）焊缝内外表面温度差导致焊缝冷却过程中拉应力过大。

（4）焊缝中铜含量高时易产生裂纹。

3.5 小口径薄壁管焊缝气孔

车间生产 $\phi711mm \times 8mm$ 钢管时焊接质量较好，缺陷率在5%以下，但在使用 $\phi711mm \times 8mm$ 钢管相同的工艺参数生产 $\phi508mm \times 8mm$ 钢管时，发现焊缝缺陷较多，缺陷率在50%以上，且均为连续性缺陷。从工业电视上看（图

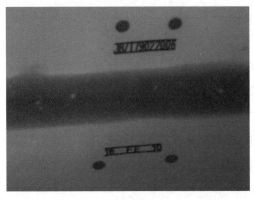

3-9），焊缝中点状、条状缺陷都有，在焊缝宽度和长度方向上的分布没有规律。取缺陷部位制成金相试样，从金相试样宏观图上看（图3-10），缺陷为焊缝中心气孔，气孔从内焊缝根部向表面扩展，呈锥形，从外形特征上看属于一氧化碳气孔。

图3-9 工业电视图像（彩图见附录）

图3-10　缺陷宏观

现场调查发现，与 ϕ 711mm×8mm钢管使用相同的焊接工艺参数，ϕ 508mm×8mm钢管内焊缝窄而高，内焊缝熔深偏大，内焊时焊缝背面的红线要亮。

分析认为气孔的产生可能与内焊缝的形状有关，为降低内焊缝高度，将混合焊剂中林肯995N与天鹅JH-SJ101G的混合比例由1∶3改为1∶1；并经过多次试验，对焊接参数进行了改进（表3-6）。

表3-6　焊接工艺参数

规格 /mm	序号	电流 /A	电压 /V	干伸长 / mm	倾角 / （°）	丝距 / mm	焊速 / （m/min）	热输入
ϕ 711×8	1	600	32	25	-6	—	1.70	21.2
	2	500	38	25	8	16		
	3	450	42	25	18	17		
ϕ 508×8	1	550	34	25	-6	—	1.60	21.78
	2	510	37	25	8	16		
	3	500	38	25	18	17		

改进后，焊缝缺陷率降到5%以下，生产效率提高1倍以上。

原因分析：

焊接熔池有一定宽度，当坡口中心处于水平位置时，内焊缝熔池边缘将比中心点位置高，管径越小，高度差越大，重力对熔池产生的影响越大。

小口径钢管由于重力的影响，内焊缝高度增加，热输入小时冶金反应过程中产生的CO气体在结晶过程中来不及逸出，易产生气孔。

经验总结：

（1）管径对内焊焊接质量有影响。

（2）小口径薄壁管焊接时内焊各丝电流差距不能太大。

（3）选用流动性好的焊剂。

3.6　夹珠型气孔

在生产 ϕ508mm×12.5mm钢管时，管尾焊缝中出现如图3-11所示夹珠型气孔，气孔位于内焊缝中间，内部夹有一小圆珠，有的在中间，有的粘连于气孔四周。

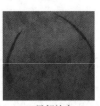

(a)工业电视图像　　　　(b)焊缝内缺陷　　　　(c)宏观图　　　　(d)局部放大

图3-11　夹珠（彩图见附录）

初步分析，由于焊接参数没有变化，而该缺陷在管尾产生的较多，可能管尾的工艺条件与其他部分有差别。

调查发现，与其他部位相比，管尾存在钝边合缝不严的现象，采取增加一丝电流，并调整管尾合缝间隙的措施后夹珠消除。

在生产 ϕ1219mm×22mm钢管时，管尾也产生类似夹珠缺陷，增加一丝电流后，缺陷仍然存在。将缺陷部位切下制成金相试样。

从金相图3-11（d）上看，气孔位于内焊二丝位置，将二丝电流增加至100A后，夹珠消除。

原因分析：

内焊焊接过程中一丝产生的气孔，体积较大，与二丝熔化的金属相接触时，气孔的表面张力不足以承受铁水的重量，被铁水击穿，铁水进入气孔内部后迅速凝固，一部分残留气体包围在铁水周围，形成夹珠。

当气孔距内焊根部较近时，外焊过程中可能将气孔烧穿形成夹珠。

经验总结：

（1）夹珠的产生与气孔有关。

（2）多丝焊时，一、二丝熔深的差值不宜太大。

（3）防止焊缝产生气孔可消除夹珠。

3.7 焊接参数不合适产生的咬边

在生产过程中经常发现焊缝边缘有单个咬边产生，但是咬边的长度、宽度、深度都不同，如图3-12所示。

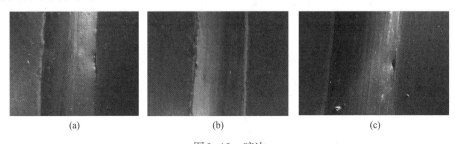

（a）　　　　　　　　　（b）　　　　　　　　　（c）

图3-12 咬边

咬边是指焊缝金属在邻近焊趾的母材上形成的凹槽和未充满。即焊接电弧将母材熔化形成的凹槽在冷却过程中没有被液态金属填满。因此，咬边的形成与凹槽的宽度、液态金属的量、液态金属的流动范围有关。凹槽的宽度取决于电压和焊速，液态金属的量取决于热输入，液态金属的流动范围则与电流、电压、焊速、焊剂等有关。单个咬边的产生可能是焊接参数偶尔出现波动造成的。

图3-12（a）的咬边浅而长，将最后一丝的电流增加后，咬边消除，这说明图（a）的咬边是最后一丝产生的参数波动造成的。

观察焊接过程中前几丝情况，发现在二丝或三丝（使用四丝焊时）电压波动较大时，会产生图3-12（b）所示的咬边，一丝电压波动较大时，会产生图3-12（c）所示的咬边。适当调整相应焊丝的电压，咬边消除。

原因分析：

图3-12（a）的咬边增加后丝电流后咬边消除，原因是电流增加后，热输入增加，焊丝熔化量增多，有足够的金属流到熔池凹坑边缘。图3-12（b）和图3-12（c）的咬边调整电压后消除，原因是采用的陡降特性模拟电源，电流电压有一定的匹配关系，当电流一定时，电压值也有相对应的值，电压过大或过小都导致焊接过程不稳定，熔池凹槽的宽度产生变化，产生咬边，电压调整合适后，焊接过程稳定，熔池凹槽的宽度一致，咬边消除。

经验总结：

（1）多丝焊时各丝都可能产生咬边。

（2）各丝产生的咬边尺寸形状有差别。

（3）单个咬边的产生与焊接电流、电压的波动有关。

3.8 焊缝内部横向裂纹

案例一

中俄东线部分露天使用弯管要求 -45℃焊缝冲击功单值 ≥ 60J，平均值 ≥ 80J，使用常规多丝双面单道焊工艺生产弯母管，做成弯管后焊缝冲击功下降较多，不能满足标准要求，为此开发了单丝多道焊工艺及焊丝。在使用A焊丝单丝多道焊（方案1）生产 φ1422mm×33.8mm，X80M低温弯母管时，发现焊缝内部有尺寸较小的横向裂纹（图3-13），探伤结果显示内外焊缝均有裂纹存在（图3-14）。

图3-13 裂纹图片（彩图见附录）

图3-14 方案1焊缝

金相图上看裂纹为沿晶开裂，为焊接热裂纹。

在钢管上取焊缝纵向圆棒拉伸试样，并在焊缝边缘取母材纵向圆棒拉伸试样，试验结果如表3-7所示。

表3-7 钢管拉伸性能

试样	屈服强度 /MPa	抗拉强度 /MPa	延伸率 /%	屈强比
母材	644	750	23.92	0.85
方案 1 焊缝	694	705	4.40	0.98
方案 2 焊缝	578	685	25.56	0.84

对钢管母材、焊丝、焊缝的化学成分进行了分析，结果见表3-8。

表3-8 钢管主要化学成分（质量分数）　　　　　　　　　　%

试样	C	Si	Mn	P	S	Cr	Ni	Cu	Mo	Nb
母材	0.07	0.17	1.58	0.010	0.002	0.197	0.569	0.146	0.271	0.044
方案1焊缝	0.053	0.208	1.23	0.0096	0.0030	0.062	2.50	1.02	0.080	0.013
方案2焊缝	0.07	0.21	1.39	0.011	0.004	0.059	1.96	0.713	0.162	0.012
焊丝A	0.07	0.12	1.03	0.002	0.002	—	3.04	1.01	0.001	—
焊丝B	0.08	0.12	1.73	0.007	0.001	—	0.49	0.05	0.35	—

表3-7的拉伸试验结果表明，方案1焊缝的屈强比偏高，延伸率偏低，母材延伸率较大，焊缝在冷却过程中，由于焊缝金属的收缩产生较大的纵向拉应力，当焊缝塑性很差时，在拉应力的作用下比较容易开裂。

从表3-8可以看出，方案1焊缝成分中Cu含量偏高，Mn和Mo含量偏低。焊丝A化学成分中Cu含量1.0%，是焊缝中Cu的主要来源。

对焊接工艺进行了改进，改用方案2三丝多层焊（A+B+A焊丝）工艺，并采用电伴热带对焊缝两侧300mm进行焊前预热，焊后采用石棉布保温等措施降低焊接应力，焊缝内部横向裂纹消除，焊缝形貌见图3-15，做成弯管后焊缝冲击功满足标准要求。与方案1相比，方案2焊缝中Cu含量降低30%，减少了焊缝中低熔点

图3-15 方案2焊缝

共晶物形成的概率；Ni含量降低20%，Mo含量上升1倍，Mn含量上升13%；焊缝的延伸率和屈强比与母材接近；焊缝的塑性有了较大的改善。

经验总结：

（1）焊缝金属的塑性较差时，焊缝中可能产生横向热裂纹。

（2）通过调整焊缝成分可以改变焊缝金属的塑性。

（3）Cu能增加焊缝金属的强度，但会降低焊缝金属的塑性。

案例二

生产 $\phi 508mm \times 21mm$，X70M钢管时，发现有焊缝内部横向裂纹［图3-16（b）］。探伤结果显示裂纹只存在于内焊缝，外焊缝没有。在疲劳试验断口［图3-16（c）］上可以看到裂纹表面有氧化色，判断该缺陷为热裂纹。

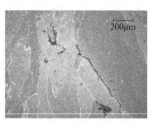

| (a)宏观 | (b)显微镜下裂纹 | (c)疲劳断口中裂纹 |

图3-16　裂纹

取样检验母材、焊缝化学成分，见表3-9。

表3-9　钢管化学成分（质量分数）　　　　　　　　　　　　%

试样	C	Mn	Si	P	S	Mo	Ni	Cr	Cu	Nb	Ti	B
母材	0.05	1.62	0.15	0.010	0.003	0.004	0.008	0.202	0.117	0.044	0.0146	0.0002
焊缝	0.05	1.65	0.26	0.013	0.004	0.13	0.011	0.141	0.089	0.029	0.0166	0.0012
裂纹成分	7.0	0.19	0.26	—	—	0.06	—	0.28	—	0.16	—	—

通过扫描电镜分析，裂纹处C和Nb的含量偏高，分析认为C可能是晶界周围的渗碳体，而只有钢板中含有Nb，剖分钢板中间可能存在局部偏析。

在钢管上取焊缝纵向圆棒拉伸试样，并在焊缝边缘取母材纵向圆棒拉伸试样，试验结果见表3-10，焊缝的延伸率14.1%偏低，屈强比0.945偏高。

表3-10　钢管拉伸性能

试样	屈服强度 /MPa	抗拉强度 /MPa	延伸率 /%	屈强比
母纵	575	645	25.7	0.891
方案1焊纵	605	640	14.1	0.945
方案2焊纵	542	621	26.12	0.873

对比内外焊缝的形状，发现内焊缝的根部宽度与顶部宽度接近，焊缝的宽深比较小，见表3-11。

表3-11　钢管焊缝形状

工艺	焊道	热输入 / (kJ/cm)	宽度 /mm	熔深 /mm	宽深比
方案1	内焊	40.06	20	13.3	1.50
	外焊	39.74	27	13.3	2.03
方案2	内焊	38.90	21.2	11.7	2.06
	外焊	42.94	23.6	12.6	2.11

通过改变焊接坡口尺寸或改变焊缝形貌，降低母材在焊缝金属中所占的比例（即熔合比），避免母材成分偏析带来的影响。焊缝的宽深比越小，呈现窄而深的焊缝，焊缝金属结晶速度加快，焊缝中产生夹渣和裂纹的倾向越大。另外，焊缝的宽深比越小，加热的区域越集中，较高程度的温度集中会使焊接区在冷却时产生较大的塑性应变，这种情况下通常要求焊件材料具有较高的塑性。

图3-17　方案2宏观

改用方案2工艺，将内外焊二丝由合金含量高的H08MnMoTiB焊丝更换为不含合金成分的H08A焊丝，并调整焊接参数，焊缝的形状（图3-17）及性能均得到改善。焊缝内部横向裂纹消除。

经验总结：

（1）焊缝的形状对裂纹的产生有影响。

（2）改善焊缝塑性可消除焊缝内的微小横向裂纹。

3.9　熔合比对焊缝强度的影响

在生产一批 ϕ508mm × 10mm，L485M钢管时，标准要求焊缝拉伸强度≥570MPa，焊接工艺评定要求焊缝横向拉伸试样断口只能位于母材上。

第一次做焊接工艺评定时，焊缝拉伸断口位于热影响区。由于焊缝抗拉强度与母材相差不大，将工艺中内焊二丝使用的合金较少B（H08A）焊丝更换成合金较多的A（H08MnMoTiB）焊丝进行第二次试验，5个试样中三个断口位于焊缝，两个断口位于母材。

分析认为，第二次试验的焊缝强度与母材强度接近。因母材的合金成分较高，通过减小坡口尺寸，增大焊缝熔合比，增加焊缝中的合金含量，提高焊缝的强度。第三次试验，焊缝抗拉强度700~705MPa，4个试样中断口均位于母材，焊接工艺评定试验合格，见表3-12。

表3-12　焊接工艺对比

试验次数	第一次		第二次		第三次	
焊道	内焊	外焊	内焊	外焊	内焊	外焊
焊丝	A+B+A	A+A+A	A+A+A	A+A+A	A+A+A	A+A+A
焊接速度/(m/min)	1.7	1.7	1.7	1.7	1.65	1.65
热输入/(kJ/cm)	22.29	23.05	22.29	23.05	22.67	23.87
坡口角度/(°)	90	120	90	120	90	90
外坡口深度/mm		3.5		3.5		4.0
钝边高度/mm	4.5		4.5		4.0	
焊缝拉伸强度/MPa	670　655	665　665	700　690　680	685　685	705　700	700　705
断口位置	母材　热区	热区　热区	母材　焊缝　焊缝	焊缝　母材	母材　母材	母材　母材

对比焊缝与母材的化学成分，第三次试验焊缝合金成分增加量略高于前两次，见表3-13。

表3-13　焊接接头化学成分对比（质量分数）　　　　　%

试验次数	取样名称	C	Mn	Si	Mo	Ni	Cr	Cu	V	Nb	Ti	B	Pcm
第一次	管体	0.07	1.64	0.23	0.004	0.007	0.189	0.01	0.002	0.037	0.015	0.0001	0.17
	外焊缝	0.06	1.74	0.32	0.156	0.015	0.115	0.028	0.004	0.019	0.012	0.0009	0.18
	内焊缝	0.07	1.74	0.31	0.131	0.019	0.135	0.028	0.004	0.022	0.013	0.0011	0.19
第二次	管体	0.05	1.48	0.20	0.124	0.117	0.18	0.015	0.022	0.06	0.014	0.0001	0.16
	外焊缝	0.06	1.64	0.32	0.222	0.077	0.124	0.039	0.014	0.032	0.015	0.001	0.18
	内焊缝	0.05	1.62	0.28	0.202	0.086	0.131	0.029	0.016	0.036	0.014	0.001	0.17
第三次	管体	0.05	1.50	0.21	0.126	0.123	0.18	0.02	0.023	0.063	0.014	0.0001	0.16
	外焊缝	0.05	1.71	0.32	0.22	0.074	0.11	0.036	0.004	0.029	0.014	0.001	0.18
	内焊缝	0.05	1.67	0.30	0.207	0.089	0.128	0.032	0.016	0.035	0.014	0.001	0.18

前两次试验的焊缝硬度与母材硬度接近，第三次验焊缝的硬度比母材的略

高，见表3-14。

表3-14 焊接接头硬度对比（HV10）

管号	1	2	3	4	5	6	7	8	9	10	11	12	13	14
第一次	198	199	208	205	212	208	203	211	205	210	209	207	207	207
第二次	222	211	204	217	209	207	202	219	209	218	196	195	206	205
第三次	204	205	206	215	217	199	209	211	195	232	213	218	211	210
	母材	热区	外焊缝		热区		母材		热区		内焊缝		热区	母材

经验总结：

（1）焊缝的合金成分决定焊缝强度。

（2）改变焊缝熔合比可以改变焊缝合金成分从而改变焊缝强度。

（3）当焊缝强度与母材相差较小时可以通过改变熔合比调整焊缝强度。

3.10 内焊缝夹渣

在生产一批钢管时，超声波探伤发现在接近下表面焊趾附近有类似夹渣的缺陷，根据缺陷的位置初步判断为母材夹杂，减小板宽后缺陷仍然存在。为查看缺陷的类型及具体位置，制取金相试样，如图3-18所示。

(a)宏观　　　　　　　　　　(b)局部放大

图3-18 内焊缝夹渣

夹渣位于内焊缝三丝熔合线上，靠近三、四丝交界处，该缺陷为焊缝夹渣。分析认为，夹渣是由于三丝熔池太宽，局部热量偏低产生的。

通过调整工艺参数：减小三丝电压、增大四丝电流，减小三、四丝间距，夹渣消除。

原因分析：

夹渣的产生是由于三丝焊缝宽度较大，局部的热量偏低，熔池金属冷却快造成的。减小三丝电压后，三丝熔化的范围减小，熔池中的热量集中；增大四丝电流，四丝熔池加深，可以将缺陷位置覆盖；减小三、四丝间距，熔池的热量集中；这些措施都有利于熔渣浮出深池。

经验总结：

（1）焊接过程中多丝焊的各丝都有可能产生夹渣。

（2）夹渣的产生是因为局部热输入偏低。

（3）调整相应丝的焊接参数，加大线能量或增加热量集中程度可以消除夹渣。

第4章　设备原因产生的焊接缺陷

钢管是由焊接设备生产的，设备的状态直接影响到钢管的焊接质量。

直缝埋弧焊管焊接设备由焊接电源、悬臂、机头、送丝系统、焊剂输送回收系统、接地装置、自动跟踪系统、电气控制系统、焊接车组成。这些设备各组成部分任何一处出现问题都可能导致焊接缺陷的产生。

焊接设备的机械故障、电气故障、供气装置故障，都可能导致焊接缺陷的产生。

设备中机械零件的严重磨损、损坏，电气元件的老化、虚接、误动作、线路接错、气动阀卡阻、气缸漏气等问题，都是产生焊接缺陷的根源。掌握焊接设备各组成部分的功能及其工作原理，有利于分析、查找焊接缺陷产生的原因。

由于设备故障原因产生的焊接缺陷，只集中在一个焊接工位。产生的缺陷主要是断弧、烧穿、咬边、焊偏、电流电压波动大、电弧烧伤等。

及时排除设备故障，更换磨损严重或老化的零部件，有利于减少缺陷的产生，提高钢管合格率。

部分设备设计不合理也会导致焊接缺陷的产生，在使用过程中对发现的设备问题进行整改，逐步完善设备功能，可减少焊接缺陷的产生。

4.1　送丝不稳定产生的焊缝咬边

在生产过程中经常出现焊缝两侧同时咬边，有时焊缝局部变窄的现象，如图4-1所示。

现场调查时焊接岗位人员反映，焊接过程中有某一丝突然出现焊接电压波动较大的情况，焊后在对应的位置就会发现焊缝边缘有咬边。

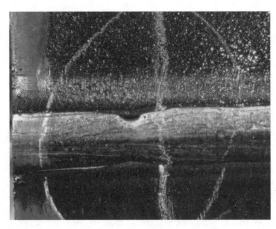

图4-1　咬边

　　直缝焊管多丝埋弧焊使用焊丝直径大多是 $\phi3.2mm$ 或 $\phi4.0mm$ 的粗焊丝，采用陡降特性电源，匹配变速送丝，送丝速度是由给定电流作为基准信号，并用电弧电压负反馈信号进行调节。电压波动大说明送丝速度变化大。

　　对送丝系统涉及的所有部分：焊丝、焊丝盘、送丝机、送丝轮、压紧轮、校直轮、送丝软管、导电杆、导电嘴进行检查，发现送丝轮使用时间长磨损严重，送丝过程中偶尔出现打滑现象，引起电压波动，导致焊缝产生咬边。

　　经过对多次产生咬边的情况统计分析，当焊丝中有硬弯、接头，焊丝乱层、卡丝，送丝轮、压紧轮磨损，送丝机转速不均，送丝软管破损，导电杆、导电嘴堵塞等，都会导致送丝速度不稳定，使焊缝产生咬边。

原因分析：

　　直缝埋弧焊管使用粗焊丝，采用陡降特性电源匹配变速送丝带弧压负反馈调节，电流增大时电弧压力增大；电弧电压升高时，电弧长度增加，电弧压力降低；焊丝直径越细，电弧压力越大。当送丝阻力增大送丝不稳定时，电弧电压增大，电流减小，电弧压力降低，液态金属流动范围减小，不能覆盖到熔池边缘而产生咬边。

经验总结：

（1）送丝稳定是保证焊接质量，防止焊缝产生咬边的基本条件。

（2）送丝系统中零部件的磨损严重也会导致焊缝产生咬边。

4.2 卡丝引起的断弧

生产中使用的为350kg/盘的层绕焊丝，在使用A厂生产的焊丝时没有问题，在换用B厂生产的焊丝后，经常出现卡丝，且有导电嘴烧损现象，焊缝中产生铜裂，见图4-2和图4-3。

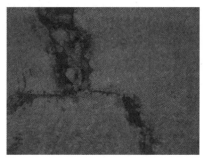

图4-2 导电嘴烧损　　　　图4-3 焊缝中铜裂（彩图见附录）

导电嘴烧损的原因是设置的熄弧返烧时间太长而焊丝干伸长太短，当出现卡丝断弧时，焊丝停止送丝后电弧仍在燃烧，导电嘴外露焊丝长度不足时电弧就会烧到导电嘴。将熄弧返烧时间缩短，干伸长加大后不再现出断弧烧导电嘴的现象。

操作人员反映，卡丝的原因是每卷焊丝用到最后两层时，焊丝卡在焊丝盘活动挡板与固定轴之间的空隙中。

对比两个厂家焊丝卷的尺寸，发现焊丝卷宽度有差别，B厂生产的焊丝卷比A厂的宽，焊丝盘是按A厂的焊丝卷宽度设计的，活动挡板的孔径比固定轴的直径小，焊丝盘挡板间距没有根据焊丝卷宽度进行调节的功能。焊丝宽度增加，活动挡板外移，固定轴与活动挡板之间出现间隙，最后两层焊丝卡在活动挡板与固定轴之间的空隙中，导致送丝阻力增大，产生卡丝断弧。

为避免类似情况，对焊丝盘做了改进，如图4-4所示。

将焊丝盘固定轴延长10mm，在活动挡板内侧开一个略大于固定轴直径深15mm的孔，当焊丝宽度发生变化时，消除活动挡板与固定轴之间的空隙。焊丝盘改进之后，在使用不同厂家焊丝时，没有出现过类似卡丝的情况。

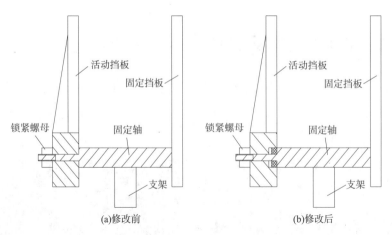

图4-4 层绕焊丝盘

经验总结:

（1）使用不同厂家的焊丝时要注意外形尺寸的差别。

（2）熄弧返烧时间不宜设置太长。

（3）焊丝干伸长不宜太短。

4.3 烧穿

烧穿是指焊接时液态熔池金属从焊缝背面流出所形成的孔洞。烧穿的产生是由于熔池金属的重量超出熔池底部金属承载能力，熔池底部金属被击穿，在生产薄壁管时，焊缝经常出现烧穿，如图4-5所示。

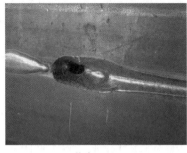
(a)烧穿正面

(b)烧穿反面

图4-5 焊缝烧穿

钢管在焊接过程中，由于热输入的影响，焊缝背面温度升高，壁厚小时，焊缝背面会看到一条红色的线（图4-6），线的颜色有暗红色、红色、亮红色、白色、亮白色，不同的颜色表明焊点背面温度不同。观察内焊缝焊接过程中焊缝背面情况，发现在出现烧穿时，焊缝背面的线颜色转变成亮白色。通过统计，发现烧穿大部分发生在距管尾一定长度的位置。观察焊接过程，发现在焊接到该位置附近时，

图4-6　焊缝背面红线

焊接车出现卡阻现象。分析认为：焊接车是通过车轮与导轨之间的摩擦力驱动的，焊接车导轨与横移车导轨交叉处有断口，焊接车在通过导轨断口时，车轮与导轨的摩擦力减小，焊接车速度降低，导致烧穿。

将一丝电流减小，焊缝背面颜色变暗，烧穿减少。将焊接车导轨改成通长的轨道，去掉交叉轨处的断口，焊接车在经过交叉轨时不再出现卡阻，该位置不再产生烧穿。

原因分析：

烧穿的产生与熔池金属的重量和熔池底部金属的承载能力有关。高温状态下，金属的强度随温度的升高而降低，金属的承载能力也随之下降。

减小一丝电流，焊接热输入降低，焊丝熔化量减小，熔池金属的重量减少；焊缝的熔深减小，熔池底部未熔化金属的厚度增加，焊缝背面温度降低，熔池底部金属的承载能力增加。

焊接车轨道改成通长轨道后，焊接速度稳定，焊接热输入、熔池金属的重量不会增加，熔池背面温度也不会突然变高，熔池底部金属的承载能力不会突然降低，防止烧穿的产生。

经验总结：

为避免焊缝产生烧穿，防止焊缝背面温度太高。从以下几点进行考虑：

（1）控制焊接热输入；电流不能太大；钝边尺寸不能太小。

（2）控制预焊合缝间隙；预焊缝不能有缺陷；预焊缝不能太薄。

（3）焊接速度不能太低，防止焊接车出现卡阻。

4.4 磁偏吹引起的未焊透

在生产 $\phi 1219\text{mm} \times 30.2\text{mm}$ 钢管时，超声波手探检测到焊缝中有断断续续的线性缺陷，宽度接近外焊缝中心位置，深度在壁厚一半左右，工业电视看不到。取下有缺陷的焊缝制成金相试样，如图4-7所示，内外焊缝根部偏斜比较严重，内外焊缝没有重合到一块，有少部分坡口钝边未熔化，产生未焊透。

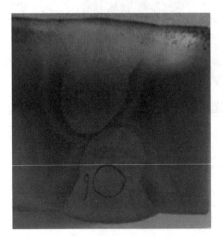

图4-7　根部焊偏及未焊透
（彩图见附录）

分析认为焊缝根部偏斜产生未焊透的原因可能是：一丝焊丝不直或一丝导电杆与地面不垂直。

调查发现现场使用的焊丝校直效果不好，在通过导电嘴后焊丝偏向一侧，将焊丝重新校直保证通过导电嘴后焊丝仍是直的，但焊后检查焊缝根部仍是偏的，且焊接过程中发现焊接电压不稳定。

对焊枪与地面的垂直度做了检查，发现导电杆的垂直度偏差很小，且四根焊丝的导电杆垂直度偏差相同，如果是导电杆垂直度不好引起的焊偏，其他几丝应该也会和一丝同样产生偏斜。

在现场调查过程中，据焊接岗位操作人员反应，从当班的宏观样上看到的每个岗位焊接的钢管焊缝根部都均向远离操作台的方向偏斜。对内外焊4个焊接岗位的焊丝对中方式做了调整，一丝向操作台方向偏离半根丝，后几丝对到坡口中心。调整后焊缝根部偏斜现象减少，但仍有少量根部焊偏的情况出现。对产生焊偏的情况进行统计，发现焊偏多发生在1#内焊+1#外焊或2#内焊+2#外焊焊接的钢管，而1#内焊+2#外焊或2#内焊+1#外焊焊接的钢管焊偏很少。据此，要求内外焊岗位进行1#内焊+2#外焊和2#内焊+1#外焊交叉焊接。

原因分析：

在多丝埋弧焊中，电源多采用DC+AC+AC+AC模式，交流电源相位差90°，影响焊接磁场的主要是一丝直流电源。电磁力的大小与电流的平方成正比。在生产薄壁管时，一丝电流较小，焊接过程中产生的电磁力较小，磁场力的作用可以忽略。在生产厚壁管时，一丝电流较大，焊接过程中产生的电磁力较大。电流越大，壁厚越大，磁场力的作用越大。

根部焊偏还与焊接电缆的布线方式有关。为便于操作，直缝管埋弧焊设备在设计时，将焊接电缆连接到导电杆外侧（远离操作者侧），如图4-8和图4-9所示。焊接电缆与导电杆的连接方式导致导电杆两侧磁场不均匀，焊接过程中产生侧向磁偏吹。

 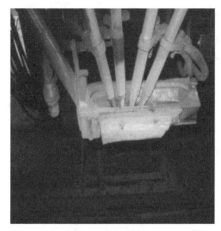

图4-8　内焊机头　　　　　　图4-9　外焊机头

经验总结：

（1）焊接电流大时直流磁偏吹较大。

（2）厚壁直缝管焊接时一丝正对坡口中心时焊缝易产生焊偏。

（3）内外焊缝根部偏向两侧时焊缝易产生未焊透。

4.5　内焊缝氢脆

某厂在七月份生产一批 ϕ 813mm×17.5mm，X70钢管时，工艺参数与前期生产同种规格钢管的参数相同，焊接材料也相同，焊缝冲击功低于标准值，更换了多种焊材进行试验，但焊缝冲击功都满足不了标准要求。

生产过程中发现的异常现象：在无损检测时，超声波探伤发现焊缝中心有反射波，工业电视检测未发现缺陷；理化试验时，焊缝拉伸试样断口为焊缝，且试样断口能看到白点，如图4-10所示；焊缝反弯试样在焊缝中心开裂，如图4-11所示；焊缝冲击试样断面内焊部分为脆性断口。

图4-10　焊缝拉伸断口　　　　　　　图4-11　焊缝弯曲断口

从焊缝拉伸试样断口能看到白点，这是氢脆的标志，所以内焊缝性能差的原因是焊缝中产生了氢脆。氢的来源是焊接过程中熔池接触到水或油。对生产过程进行排查试验。

钢管在内焊前接触到水的岗位是钢板探伤，在钢板探伤后将表面的水清理干净后铣边，保证板边坡口不沾到水，焊缝仍有白点，冲击功不满足标准要求。

钢管在内焊前接触到油的情况一是钢板表面有油带到坡口上，二是成型机油缸漏油滴到坡口上。在将钢板表面的油清理干净，成型机漏油清理干净后，焊缝仍有白点，冲击功不满足标准要求。

重新对试样断口分析：拉伸断口上白点只存在于内焊缝，外焊缝没有白点；冲击断口上内焊缝为脆性断口，外焊缝为韧性断口；说明只有在内焊焊接过程中有水进入熔池，而外焊过程中没有。

内外焊焊接过程中的差别：

（1）内焊焊接位置为6点，外焊焊接位置为12点。

（2）内焊送丝距离长，外焊送丝距离短。

（3）内焊用压缩空气输送焊剂，外焊靠重力自流输送焊剂。

检查钢管内外表面及焊丝表面，没有发现有水凝结。

因压缩空气内含有大量水和油，内焊输送焊剂用的压缩空气要经过干燥处理。检查内焊压缩空气干燥器，发现干燥器内原本应该是球形的干燥剂颗粒变成粉末状，已经失效。更换干燥剂后重新焊接，焊缝中不再有白点，焊缝冲击功满足标准要求，内焊缝氢脆消除。

原因分析：

压缩空气是由空压机将空气直接压缩后产生的，压缩空气中含有大量的水和油，水来源于空气中含有的水分，夏季时空气中的湿度大，含水量多；油来源于空压机。直缝管生产线为内焊输送焊剂配置的无热再生式压缩空气干燥器，是利用球形多孔性物质（球形氧化铝或分子筛）的吸附性来清除压缩空气中的水分和油。在长时间使用后，干燥剂吸附性变差，甚至失效，压缩空气中的水和油直接进入焊剂中，使焊剂吸潮，导致焊缝产生氢脆。

经验总结：

（1）焊剂受潮焊缝中易产生氢脆。

（2）压缩空气干燥器中的干燥剂应定期更换。

4.6 电源相位差引起的磁偏吹

某厂外焊焊接设备出现使用三丝焊时电弧稳定，使用四丝焊时电弧波动较大并伴有明弧的现象。对可能引起电弧不稳定的因素：送丝系统、弧压反馈线、弧压控制板、电焊机均进行了检查、更换，包括将其他岗位正常使用的零部件拆下更换后也没有好转。

对故障起因进行调查，在故障产生的时间及表现形式上，出现两种说法。一种说法是从上次检修后就出现这种电弧不稳定的情况。另一种说法是上次检修后用四丝生产过两个班后才出现的这种情况。针对这两种说法，向外焊岗位操作人员进行了求证，岗位人员反应，从上次检修后只要使用四丝焊就出现这种电弧不稳定的情况。

外焊岗位在上次检修期间将电焊机拆除进行内部灰尘清理。

根据岗位人员反映的情况，结合前期排查的情况，初步判断可能是四丝焊机的相位角出现偏差，导致四丝焊时产生电弧磁偏吹。

检查电焊机电源线，四丝的电源线与二丝顺序相反，符合SCOTT接法中二丝和四丝相位差180°的要求，再检查电焊机开关柜，四丝开关柜电源线与二丝顺序也相反，即经过开关柜和电焊机后，四丝和二丝的相位相同，相位差为零。将四丝两根电源线交换位置，保证与二丝相位差为180°后，再使用四丝焊进行试焊，焊接过程正常。

原因分析：

使用两个交流电源焊接时，当两个电源的相位差为80°~90°时，可以在很大程度上避免磁场相互干扰引起的磁偏吹（此法称为SCOTT自然换相法）。由于相位差的关系，当一个电弧的电流和磁场强度达到最大值时，另一个电弧的电流和磁场强度趋于最小值，因此，引起的磁偏吹很小。

多丝埋弧焊一丝用直流电，后面几丝用交流电，相位角的设置为0°、90°、180°、270°，以此来减小电弧磁偏吹的影响。

厂家的原设计中二、三、四丝交流电源的相位角的设置为0°、90°、180°，检修过程中电焊机内部清理完成后接线时，电工将四丝两根电源线的位置接反，二丝与四丝的相位差由180°变成0°，焊接时产生的磁偏吹很大，导致电弧不稳定。

经验总结：

（1）多丝焊时交流电之间也可能产生磁偏吹。

（2）多丝焊设备在拆装电焊机时要注意电源的接线顺序。

（3）三丝焊电弧稳定，四丝焊电弧不稳定，原因是电源相位差不对。

4.7 机械跟踪引起的未焊透

在试制 $\phi 1422mm \times 38.5mm$ 钢管时，管体出现多处未焊透缺陷。从管端取宏观样，发现内外焊缝的重合量偏小，加大内外焊一丝电流，并按焊接厚壁管的经验，将内外焊的一丝偏离坡口中心，焊后再取宏观样，内外焊缝的重合量为4mm，焊偏1mm，超声波探伤后仍然发现管体有多处未焊透缺陷。

未焊透产生的原因主要有三点：钝边大、焊接电流小、焊偏，由上面试验结果看，焊偏是产生未焊透的主要原因。

焊缝产生焊偏的原因有两点：一是自动跟踪未起作用；二是焊丝不直。

将焊丝校直后焊接，超声波探伤后仍然发现管体有多处未焊透缺陷。

检查内焊自动跟踪情况，在管端将跟踪导向轮压到坡口中达到一定压力，将一丝焊丝对到坡口中心，不起弧焊接，以焊接速度行走，观察焊丝，发现焊丝经常有偏离坡口中心的情况。用同样的方法检查外焊自动距踪，焊丝一直对到坡口中心，没有偏离现象。

原因分析：

内焊在自动跟踪的情况下出现焊丝偏离坡口中心的现象，说明自动跟踪没有发挥作用。生产薄壁管时没有产生这种现象。薄壁管与厚壁管的区别是：薄壁管内焊坡口角度大，深度小；厚壁管内焊坡口角度小，深度大。跟踪导向轮的尺寸偏大，当内焊坡口因喷嘴变化角度变小时，导向轮侧面卡在坡口边缘，导向轮的尖端没有接触到坡口底部，坡口偏斜时导向轮不能带动焊丝跟随坡口中心进行横向移动。

针对这种情况，对跟踪导向轮尺寸进行修改，如图4-12所示，将导向轮夹角由56°改为41°，根部的宽度由17mm改为12mm。改进后，焊接 ϕ 1422mm×38.5mm钢管时，没有再出现未焊透缺陷。

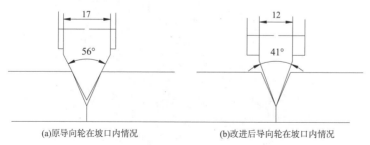

(a)原导向轮在坡口内情况　　　　(b)改进后导向轮在坡口内情况

图4-12　内焊导向轮大小与坡口尺寸的关系

经验总结：

（1）机械跟踪导向轮尺寸不合适也会导致焊偏。

（2）每台设备的生产能力都有一定范围。

（3）设备能力不能满足要求时进行改进。

4.8　内焊明弧

直缝埋弧焊管设计生产钢管长度12.5m，内焊焊剂输送距离约20m，采用压缩空气通过胶管将焊剂从焊剂罐输送到内焊机头的焊剂斗中。

在生产中出现内焊焊剂供给不足产生明弧现象。对内焊焊剂输送系统进行排查。

机头焊剂斗开关正常。

机头焊剂斗里面没有焊剂。

打开焊剂输送，输送管出口有风，但没有焊剂。

焊剂罐压力正常。

焊剂罐内有焊剂。

检查焊剂罐出口没有堵塞。

根据以上信息，判断焊剂输送胶管堵塞。更换新的胶管后，焊剂输送正常。

为查找输送管堵塞的原因，用焊丝穿入管内找到堵塞处，锯开，如图4-13所示，胶管内层收缩到一起，导致焊剂无法通过。

图4-13　胶管锯口

原因分析：

输送管内层收缩是由于输送管内层材料与外层材料之间的黏合剂受热失效，管内层受热变形收缩到一起。

经验总结：

（1）焊剂使用温度不能过高。

（2）焊剂输送管需要整体耐热，不能只是内层耐热。

4.9 预焊连续错边

钢管预焊过程中为防止焊偏，采用激光自动跟踪检测坡口，同时可检测焊缝错边量。

在生产一批 $\phi 1016mm \times 21mm$ 直缝埋弧焊管过程中，成品检验时发现有部分钢管整根焊缝错边偏大，超过1.5mm，询问预焊岗位操作人员，焊接过程中激光跟踪显示的错边量控制在1.0mm以下。

为查找错边产生原因，在预焊岗位做试验，将预焊后的钢管焊缝转到12点位置，在钢管上找一点，垂直焊缝画一条线，用激光跟踪和百分表分别测量焊缝错边量，发现激光跟踪测量的错边值偏大。询问岗位人员得知，最近更换过激光跟踪滤光片。由此判断产生错边的原因是激光跟踪在更换滤光片后重新安装时没有校准，激光发射面与水平面不平行，焊缝两侧测量长度存在误差，当误差值与焊缝显示错边叠加到一起时，焊缝错边可能偏大。

对激光跟踪装置安装位置重新调整，直至激光跟踪显示焊缝错边量与百分表测量值相差不超过0.1mm。

为方便激光自动跟踪校准，加工了一个带V形坡口的U形试块，将试块倒扣在钢管上，水平尺放在试块表面，横向移动试块，直至水平尺气泡在中间，再用激光跟踪检测V形坡口错边，调整激光跟踪位置，直至错边量在0.1mm以下，如图4-14所示。

图4-14　激光跟踪校准装置

原因分析：

激光跟踪检测的错边量是通过激光点到焊缝两侧的距离计算的，当激光发射面与水平面不平行时，测量的错边量存在误差。

经验总结：

（1）连续焊缝错边可能是设备误差导致的。

（2）激光跟踪在拆卸重新安装后，要进行校准。

4.10 咬边缺陷

在生产线投产一段时间后，发现钢管起弧端经常有较大的外咬边，如图4-15所示，多种规格的钢管都有出现。

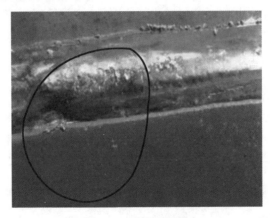

图4-15 起弧端咬边

通过对该缺陷产生的情况进行统计，结果表明在某一个员工操作时缺陷产生的频率远比其他人高。经询问和现场观察，原因是起弧时导电嘴边缘粘有焊剂渣壳，操作人员用胶木板将渣壳捅掉落入下面的焊剂中，导致焊缝中产生咬边。

对比另外一套外焊设备，有导电嘴粘渣情况的焊丝起弧电压偏高，将该丝电压调低后，咬边消除。

原因分析：

导电嘴边缘粘的渣壳是由于起弧空载电压过高，焊丝返抽的长度较长，焊丝端部将熔化的焊剂带到导电嘴上，形成粘渣。渣壳掉落到焊剂上之后，在重力作用下进入熔池表面，熔池中液态金属被排开，凝固后形成咬边。渣壳尺寸越大，焊缝产生的咬边尺寸越大。

经验总结：

（1）埋弧焊起弧空载电压不宜设置过高。

（2）焊剂中混有大颗粒渣壳可能会导致焊缝产生咬边缺陷。

（3）焊剂中混有其他大颗粒杂物时焊缝也可能产生咬边缺陷。

4.11　焊偏

在生产中出现一根焊偏的钢管，如图4-16所示，焊缝突然偏向一侧后又回到正常位置。

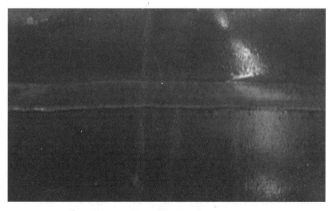

图4-16　焊偏

由于这种形状的焊偏缺陷比较少，初步判断可能是设备出现突发情况产生的。

现场调查时，据外焊岗位操作人员反映，出现这种缺陷的原因是焊接过程中有一块焊剂渣皮掉到了焊接车导轨上，车轮轧到渣皮后产生的焊偏。检查发现焊接车前端用于清扫导轨表面杂物的毛毡磨损严重，将毛毡更换后不再出现类似的焊偏缺陷。

原因分析：

焊接车导轨为平轨，当导轨上有杂物时，一侧车轮被抬高，焊接车发生倾斜，钢管的位置随焊接车的倾斜发生改变，焊接坡口的位置随之变化，由于变化太快，超过了自动跟踪的响应速度，导致焊缝产生焊偏。

经验总结：

（1）焊接车导轨上不能有杂物。

（2）焊接车前端清理导轨杂物的毛毡要及时更换。

（3）当焊接坡口变化超出激光跟踪响应速度时焊缝会产生焊偏。

4.12　送丝不稳产生的内焊夹渣

在生产一批 $\phi 1016mm \times 21mm$ 钢管时，内焊缝出现夹渣，夹渣在钢管长度方向的位置不固定，深度方向在焊缝中心偏下，横向距外焊缝边缘1/4处，对有夹渣的钢管进行统计，发现大部分钢管都是同一条内焊机组焊接的，而三个生产班次均有夹渣管出现。调整外焊一丝参数，没有效果；调整内焊一丝参数，也没有效果。

将靠近管端的夹渣切下制成金相试样，如图4-17所示。

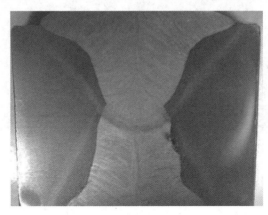

图4-17　夹渣

夹渣位于内焊侧面二丝熔合线的位置。

调整内焊二丝的电流、电压，仍有夹渣产生。

现场调查，内焊操作人员反映，焊接过程中二丝的电压会突然出现较大的波动。对二丝焊接电源及送丝系统进行排查，发现二丝送丝机压紧轮磨损严重，送丝过程中有打滑现象，见图4-18。更换新的压紧轮后，二丝弧压稳定，夹渣消除。

图4-18 送丝机

原因分析:

送丝机压紧轮是一个轴承辊,通过弹簧调节压紧力。长时间使用后,压紧轮磨损严重,转动不灵活,导致焊接过程中送丝不稳定,电流、电压波动较大,焊缝中产生夹渣。

经验总结:

(1)送丝不稳定焊缝中可能产生夹渣。

(2)送丝机压紧轮磨损可能导致送丝不稳定,焊缝产生夹渣。

(3)送丝机压紧轮磨损后应及时更换。

4.13 电流电压波动产生的焊缝不规则

在生产一批 $\phi610\text{mm} \times 10\text{mm}$ 钢管时,有一根钢管内焊缝忽宽忽窄,且窄处有咬边,如图4-19所示。

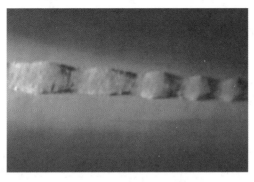

图4-19 不规则焊缝

询问内焊操作人员得知，在焊接这根钢管过程中内焊二、三丝电流电压波动较大。但焊接下根钢管时恢复正常。

在焊缝最窄处和最宽处取宏观样，如图4-20所示。

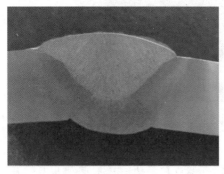

(a)焊缝最窄处   (b)焊缝最宽处

图4-20　焊缝宏观对比

在焊缝变窄的同时，熔深也变小。

原因分析：

数字焊机通过弧压反馈控制电流电压的稳定，当起弧过程中没有正确建立弧压反馈信号时，焊丝的熔化速度不稳定，电流电压产生较大波动，焊缝的熔深和宽度随之变化。

经验总结：

（1）当起弧后发现电流电压波动较大时，应停焊重新起弧。

（2）自动焊焊缝宽度变化较大时，熔深可能产生较大变化。

（3）多丝焊后几丝电流电压的波动对熔深有影响。

4.14　焊速过快引起的咬边

在生产一批 ϕ 711mm×12.7mm钢管时，工业电视检验时发现2根钢管焊缝宽度变化较大，焊缝两侧有咬边，如图4-21所示。

第一根钢管从起弧端开始焊缝宽度只有12mm，到200mm以后焊缝宽度变为18mm。第二根从起弧端开始焊缝窄，到4.3m以后焊缝变宽。

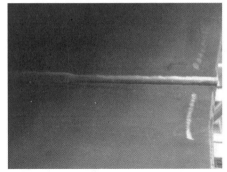

(a)焊速突变

(b)咬边

图4-21　高速焊缝

窄焊缝和正常焊缝分别取宏观样，如图4-22所示，从宏观样上可以看到，内焊缝在变窄的同时熔深变浅，查阅相关资料，热输入偏低会产生这种情况。

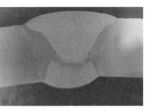

(a)第一根快速

(b)正常速度

(c)第二根快速

图4-22　焊缝宏观对比

与热输入有关的参数：电流、电压、焊接速度。现场调查，焊接电流及电压波动较小，检查焊接车速度，发现焊接车调速用的滑动变阻器，长时间使用后滑动触点接触不良，更换后不再产生类似缺陷。

原因分析：

焊接车行走速度用滑动变阻器进行调节，当滑动变阻器动触点接触不良时，滑动变阻器被短接，焊接车以最快的速度运行。焊速变快后，焊接电流、电压等其他参数没变，热输入降低，熔池金属冷却速度加快，液态金属存在时间减少，流动范围减小，易在熔池边缘产生咬边。

经验总结：

（1）焊接速度快易产生咬边。

（2）提高焊速时应适当增加热输入。

（3）滑动变阻器长时间使用后可能出现接触不良现象。

4.15 更换不同直径焊丝出现咬边

直缝埋弧焊管由于规格多，壁厚范围大，焊接参数变化比较大，在生产中经常根据钢管规格选用不同直径的焊丝，以满足焊接工艺的需求。但经常出现 $\phi 4.0mm$ 换成 $\phi 3.2mm$ 后焊接电压波动大，焊缝咬边较多的情况。调整电流、电压后咬边仍然存在。

初步分析，使用粗焊丝时正常，更换细焊丝后电弧不稳定，可能与送丝系统有关。

检查送丝系统，发现送丝轮在焊丝上咬出的齿痕较浅，且齿痕大小不均匀，见图4-23。更换新的送丝轮后，电压正常，咬边消除。

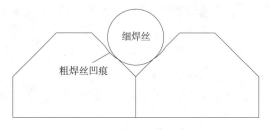

图4-23　焊丝咬合示意图

原因分析：

两片送丝轮组成一个带齿的V形槽，送丝过程中会在焊丝上形成两列齿痕，当两列齿痕深浅一致、齿痕长度相同、相邻齿痕之间的间距相同时，送丝速度稳定。送丝过程中送丝轮也会有一定的磨损，送丝轮上会产生一圈凹痕，当焊丝直径不同时，凹痕的曲率不同，粗焊丝在送丝轮上产生的凹痕曲率小，细焊丝在送丝轮上产生的凹痕曲率大。在使用粗焊丝时，随着送丝轮的磨损，凹痕会向着V形槽的底部移动，再更换细焊丝时，由于送丝轮已磨损出一部分曲率比较小的凹痕，焊丝与送丝轮接触面积变小，送丝机传递到焊丝上的送丝力矩变小，而送丝系统中的阻力不变，从而引起送丝速度波动，导致电压不稳。

经验总结：

（1）送丝不稳定，焊缝可能产生咬边缺陷。

（2）送丝轮磨损后应及时更换。

（3）粗焊丝更换成细焊丝时应更换送丝轮。

4.16　内烧穿

第一条生产线在生产小口径钢管时经常出现如图4-24所示内烧穿缺陷。

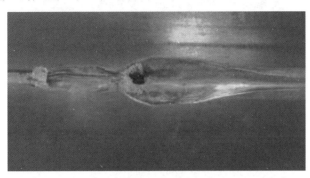

图4-24　烧穿

对烧穿的缺陷进行统计，发现大部分烧穿的位置距管尾的距离相近，通过现场测量，当焊点处于该位置时，焊接车主动轮通过焊接车与横移车轨道交叉口，焊接车出现短暂停顿现象，导致烧穿。为增大摩擦力，生产小口径钢管时在焊接车上增加配重，烧穿缺陷明显减少。后将焊接车导轨改为通轨，消除交叉口处断点，烧穿缺陷比例大幅降低。

原因分析：

设计时焊接车与横移车导轨在同一水平高度，在交叉口的位置焊接车导轨是断开的。焊接车通过车轮与导轨之间的摩擦力驱动，当主动轮经过导轨交叉口时，车轮与导轨之间接触面积减小，摩擦力减小，驱动力减小；由于小口径钢管重量轻，作用到焊接车上的压力小，车轮与导轨之间产生的摩擦力小，驱动力减小；增加配重，加大焊接车重量，摩擦力加大。焊接车改为通轨后，车轮与导轨的接触面积不产生变化，速度相对稳定。

经验总结：

（1）焊接车速度变化较大时焊缝易产生烧穿。

（2）焊接车采用摩擦轮的驱动方式不合理。

（3）焊接车导轨应采用通轨。

4.17 焊缝宽度变化

新生产线投产一段时间后，成品检验岗位反映外焊缝宽度突然变化较大，焊缝宽窄不均匀，如图4-25所示。

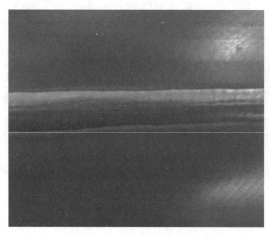

图4-25 焊缝宽度不均匀

初步分析，焊缝宽度变化与焊接电流、电压、焊接速度、干伸长、丝距等参数有关。

现场调查，焊接电流、电压、干伸长、丝距等参数比较稳定，外焊岗位操作人员反映，最近几天焊接过程中焊接车速度不稳定，以焊接速度运行焊接车，发现焊接车有蹿动现象，焊接车行走机构如图4-26所示。

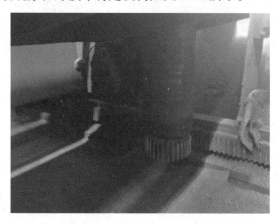

图4-26 焊接车行走机构

检查焊接车行走电机，没有发现问题。

检查齿轮齿条啮合情况，发现齿轮齿条之间的间隙忽大忽小。调整焊接车导向轮间隙后，焊接车行走速度恢复正常。

原因分析：

由于第一条生产线用摩擦力驱动焊接车，运行过程中焊接速度波动较大，新生产线设计时焊接车改用齿轮齿条驱动，通过导轨两侧的导向轮保证齿轮齿条的啮合。当导向轮间隙适当时，即齿条的分度线与齿轮的分度圆相切，运行速度稳定。当导向轮间隙过大时，即齿条的齿顶与齿轮的齿顶相切，运行过程中，会有短暂的齿轮接触不到齿条的情况，导致焊接车行走速度变化。

经验总结：

（1）焊接速度变化会导致焊缝宽度变化。

（2）采用齿轮齿条传动的焊接车，要保证齿轮齿条的啮合间隙。

（3）使用一定时间后，调整焊接车导向轮间隙，防止焊接车蹿动。

4.18 电焊机故障引起未焊透

在生产 ϕ 1016mm × 17.5mm 钢管时，检验发现钢管有未焊透缺陷。

初步分析，未焊透与焊接电流、焊接速度、钝边尺寸、干伸长等参数有关。

现场调查，外焊操作人员反映焊接速度、钝边尺寸、干伸长等参数没有变化，在焊接过程中一丝电流有突然减小100~200A的情况。

外焊使用的是两台DC-1000模拟电源并联，用电位器调节电流。检查电位器，没有接触不良的现象。焊接电缆没有短路，弧压反馈正常。怀疑是电焊机有故障。在废管上堆焊，听一丝电焊机的声音，发现上面那台焊机左前方靠下部位的噪声比其他部位大。断电后打开焊机侧盖检查焊机内部，发现电焊机输出线圈一个接线端子熔断。更换电焊机后，焊接恢复正常。

原因分析：

由于模拟焊机工作时振动较大，电焊机长时间使用，接线端子处的螺栓松动，接线端子接触电阻增大，接头处过热烧损。直流模拟焊机使用可控硅全波整流，损坏一个输出接线端子，输出电流减小1/6。

经验总结:

(1)电焊机长时间使用后内部可能出现接触不良的情况。

(2)焊接电流突然减小可能是电焊机故障。

4.19 高度传感器引起电弧不稳

在更换钢管规格后,外焊出现焊接电流电压波动较大的情况。

初步分析,电弧不稳与焊接电流、电压、焊接速度、丝距、干伸长、弧压反馈等有关。

检查送丝系统稳定,弧压反馈线正常,调整焊接电流、电压,波动依然较大。观察焊接过程,发现焊接机头高低变化频繁,干伸长变化较大。焊接机头的高低由高度传感器自动控制,检查高度传感器,没有损坏。高度传感器距焊接坡口的距离稍远,将高度传感器距焊接坡口的距离进行调整后,焊接过程中机头高低变化正常。

原因分析:

高度传感器安装在导电杆侧前方坡口边缘的位置,通过电磁场感应钢管表面控制机头高低。由于坡口边缘预弯压出的曲率变化,导致高度传感器检测到的距离不稳定,带动机头频繁升降。将高度传感器距坡口边缘距离调整后,检测到的距离变化较小,机头稳定。

经验总结:

(1)坡口边缘的预弯曲率变化较大。

(2)焊接过程中机头高低升降频繁时调整高度传感器的位置。

4.20 弧压反馈线松导致电弧不稳

在生产一批钢管时,其中一台外焊二丝电流电压突然出现较大波动,且波动的频率较高。

调整二丝焊接参数:

加大电流,没有效果;减小电流,没有效果。

加大电压，没有效果；减小电压，没有效果。

加大1~2丝距，没有效果，减小1~2丝距，没有效果。

加大干伸长，没有效果，减小干伸长，没有效果。

检查送丝系统，未发现异常情况。

更换导电嘴，没有效果。

更换送丝机，没有效果。

更换控制箱内的弧压板，没有效果。

检查弧压反馈线，发现与模数转换电路板连接的弧压反馈电缆接头松动，重新固定电缆接头后，二丝电流电压恢复正常。

原因分析：

直缝焊管多丝埋弧焊使用焊丝直径大多是 $\phi 3.2mm$ 或 $\phi 4.0mm$ 的粗焊丝，采用陡降特性电源，匹配变速送丝，使用带齿的V形轮驱动，送丝速度是由给定电流作为基准信号，并用电弧电压负反馈信号进行调节。电弧稳定燃烧的条件是焊丝的熔化速度等于送丝速度。弧压负反馈信号是保证电弧稳定的基础，当弧压反馈线接触不良或断开时，不能准确地调节送丝速度，电流电压波动较大。

经验总结：

弧压反馈线接触不良，焊接电流电压不稳定。

第5章 焊接材料原因产生的缺陷

直缝埋弧焊管的主要焊接材料是钢板、焊丝、焊剂，用于缺陷补焊的焊条用量较少。焊缝是由钢板、焊丝、焊剂熔化后结晶形成的，钢板、焊丝、焊剂的质量对焊缝有较大影响，钢板、焊丝、焊剂的成分决定了焊缝的成分及焊态性能。

钢板的质量对钢管的质量影响较大：钢板的表面缺陷修磨后影响钢管的壁厚；钢板的尺寸偏差影响钢管直径；钢板边缘的夹杂物影响焊后探伤；钢板成分不均匀影响焊缝性能，甚至产生裂纹。

焊丝表面的油、锈影响焊缝韧性，焊缝中有可能产生气孔；焊丝中的接头、硬弯可能导致焊接过程中卡丝、断弧；

焊剂中水分含量较高，焊缝韧性变差，可能产生冷裂纹；焊剂颗粒度过小，焊缝表面易产生凹坑；焊剂中含有杂质，焊缝易产生气孔或夹渣；

选用质量较好的焊材，可以减少焊接缺陷产生的比例，有利于提高钢管的焊接质量。

直缝埋弧焊管用钢板弯曲后焊接成钢管，在埋弧焊前要经过铣边、预弯、成型、预焊、预焊修补工序进行钢管准备，这些工序的加工质量对埋弧焊缝的质量有较大影响，当这些工序出现质量波动时，可能导致埋弧焊缝产生缺陷。

工序质量受影响的因素较多：钢板形状及性能的变化、工艺参数是否合适、设备的状态、操作人员的水平、环境等，这些条件的改变，均可能导致工序产品质量出现变化。

了解前工序产品加工质量问题与焊缝缺陷的关系，能提高处理焊接缺陷问题的速度。

由于前工序较多，可能出现的问题也比较多，不同厂家的设备有差异，可能有不同的问题出现，根据设备工作的原理分析可能产生问题的原因。

5.1 磁偏吹引起的焊缝咬边

在使用常用的焊接工艺参数生产一批 $\phi610mm \times 12.5mm$ 钢管时，管端内焊缝平滑，没有咬边，管体内焊缝窄而高，焊缝两侧有连续咬边，外焊缝没有咬边。发现咬边后，将常用的处理咬边缺陷的方法逐一进行试验：调整焊丝角度、调整焊丝干伸长、增大电流、降低焊速、更换焊剂、由双导电刷改为单导电刷等，但都没有效果。

现场调查时，预焊修补操作人员反映，钢管上剩磁较大，焊接时电弧不稳，飞溅较大。用高斯计测量，预焊后钢管上的剩磁略高，为10~20Gs。内焊焊接过程中在外表面测量焊点附近的磁场强度，超出高斯计量程，更换大量程高斯计重新测量，内焊点附近的磁场强度为65Gs，外焊点附近的磁场强度为30Gs。让其他生产线内焊人员测量，内焊点附近的磁场强度值为20~30Gs。

分析认为内焊焊接过程中磁场强度偏高是导致焊缝产生咬边缺陷的主要原因。为此，对内焊焊接工艺参数进行调整：将一丝直流电流降至保证电弧稳定燃烧的最小值，二、三丝电流和焊速也相应降低，焊缝咬边消除。

原因分析：

在多丝埋弧焊中，电源多采用DC+AC+AC+AC模式，交流电源相位差90°，影响焊接磁场的主要是一丝直流电源。咬边的产生是焊接过程中直流电产生的电磁力 $F_磁$ 使液态金属向中间收缩，阻碍液态流动。电磁力的大小与电流的平方成正比，与钢管的磁导率成正比。由于前期使用的工艺参数在生产相同规格钢管时多次使用，没有出现类似情况，因此推断是这一批钢板的磁导率偏大引起的。由于钢板磁导率大，焊接过程中一丝直流产生的磁场强度大，在熔池中产生较大作用力，阻碍液态金属向侧面流动，使焊缝产生咬边。管端管尾由于磁偏吹的影响，熔池金属受到的力有变化，所以不产生咬边。

经验总结：

（1）钢板的磁导率对焊接质量有影响。

（2）直流电流越大，产生的磁场越强，对焊缝的影响越大。

（3）管径越小，磁场对焊缝的影响越大。

5.2 X80钢级热影响区软化

在生产一批 ϕ 1219mm×22mm，X80M钢管时，理化试验时有两组试样反弯不合格，观察弯曲试样发现，热影响区存在明显的收缩痕迹，在做焊缝拉伸试验时发现热影响区屈服强度偏低。在查看理化试样时，发现焊缝弯曲试样异常。

图5-1弯曲试样正面，焊缝两侧各有一条2~3mm宽，约0.2mm深的凹槽，图5-2弯曲试样的侧面焊缝两侧也有类似凹槽存在。分析认为，这是焊缝热影响区强度与两侧焊缝和母材的强度相差较大，弯曲过程中热影响发生的较大的塑性变形导致的。

图5-1 弯曲试样正面　　　　　图5-2 弯曲试样侧面

查看钢板的化学成分（见表5-1），与该钢厂早期生产的相同规格钢板化学成分相比较，本批钢板的合金元素含量减少。

表5-1 钢板化学成分（质量分数）　　　　　　　　%

钢板	C	Mn	Si	P	S	Mo	Ni	Cr	Cu	V	Nb	Ti	Al	N	B
早期	0.07	1.74	0.23	0.012	0.004	0.175	0.224	0.119	0.018	0.043	0.059	0.016	0.033	0.006	0.0001
本批	0.06	1.76	0.21	0.009	0.003	0.003	0.013	0.222	0.122	0.002	0.042	0.016	0.041	0.004	0.0001

综合分析，认为母材成分合金元素偏低，热影响区软化是导致反弯不合格的主要原因。从焊接方面考虑通过降低焊接线能量来改善热影响区的性能。

通过试验，将焊接线能量由2kJ/cm调整为1.7kJ/cm，调整前后的工艺对比见表5-2。

表5-2 焊接工艺参数

	原工艺								修改后工艺							
	内焊				外焊				内焊				外焊			
	1	2	3	4	1	2	3	4	1	2	3	4	1	2	3	4
电流 /A	980	850	700	550	1050	850	700	550	1050	800	650	550	1050	800	600	550
电压 /V	34	38	40	40	34	38	40	40	33	34	36	38	33	37	40	40
焊速 / (m/min)	1.6				1.6				1.7				1.75			
热输入 / (kJ/cm)	43.36				44.25				37.46				37.80			
钝边高 /mm	6								7							
外坡口深 /mm	8.8								8							

工艺调整后，焊缝弯曲试样合格，热影响区有轻微塑性变形痕迹，但焊缝缺陷率由5%上升到10%。

经验总结：

（1）高级钢板合金含量太少热影响区易软化。

（2）降低焊接热输入可以减轻热影响区软化的程度。

（3）热输入减少后焊缝缺陷比例增加。

5.3 弯母管热影响区脆化

在生产 ϕ 1219mm × 30.2mm，X80M弯母管时，焊态热影响区冲击功偏低，不满足标准要求，试样断口剪切面积比较低，冲击试样断口见图5-3。

(a)弯母管　　　　　　　　(b)直管

图5-3 热影响区冲击断口

分析认为，热影响区的性能与焊接热输入及母材的化学成分有关。在用同样的工艺生产相同规格的直管时，热影响区冲击韧性较好，说明产生这种情况的原因是弯母管与直管的成分不同，对比弯母管与直管的化学成分见表5-3，发现弯母管合金成分Mo、Cr含量偏高。

表5-3 钢管化学成分（质量分数） %

试样	C	Mn	Si	P	S	Mo	Ni	Cr	Cu	Nb	Ti	B
弯母管	0.07	1.56	0.24	0.011	0.003	0.224	0.232	0.228	0.153	0.005	0.042	0.01
直管	0.08	1.62	0.16	0.01	0.003	0.164	0.245	0.13	0.178	0.022	0.047	0.01

弯管采用母管先加热，再弯曲，然后热处理的工艺制造，热处理会改变钢材的性能。弯母管焊态性能不符合要求允许进行热模拟（淬火+回火）试验。经过热模拟试验后，热影响区晶粒细化，见图5-4，冲击韧性上升较多，剪切面积90%以上，与母材的冲击韧性接近。

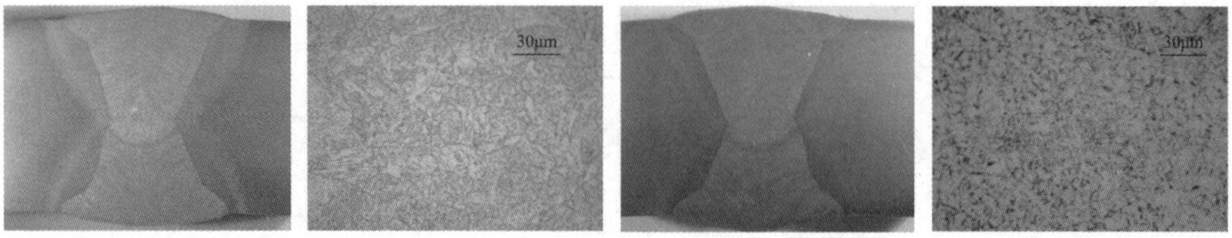

(a)焊态宏观   (b)焊态热区   (c)热处理后宏观   (d)热处理后热区

图5-4 弯母管热影响区金相图

原因分析：

（1）高钢级弯母管为增加淬透性、提高热处理后母材强度，钢板中添加合金元素较多。

（2）热处理后热影响区的晶粒细化，韧性上升，与母材接近。

经验总结：

弯母管焊态热影响区冲击韧性可以通过热处理改善。

5.4 母材夹杂

案例一

在生产 ϕ 1016mm × 21mm 钢管时，超声波探伤发现沿焊缝长度方向有多处缺陷，缺陷的位置相同，深度距上表面15~16mm，水平距焊趾5~6mm。但工业电视看不到缺陷。

根据焊缝宏观样及缺陷位置，初步判断可能是内焊二丝或三丝产生的，调整内焊二丝电流电压，缺陷仍然存在，调整内焊三丝电流电压，缺陷仍然存在。

为查找缺陷的产生原因，取了一个缺陷试块，制成金相试样，如图5-5所示，在试样表面肉眼看不到缺陷，在光学显微镜下放大50倍，能看到在热影响区内有一处夹杂物。

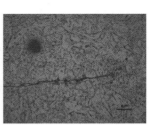

(a)宏观　　　　　　　　(b)放大50倍　　　　　　　　(c)放大500倍

图5-5 母材夹杂

根据金相试样缺陷位置分析，夹杂物在焊缝熔合线外侧热影响区内，属于母材夹杂，是在钢板生产过程中产生的，与焊接工艺无关。

将钢板铣边后板宽减小2mm，该缺陷消除。

原因分析：

母材夹杂是钢板冶炼时产生的，轧成钢板后多出现在板边，当钢板切边量小时，边缘易残留部分夹杂物，当该夹杂物在焊缝附近时，按焊缝标准进行超声波检验时容易检出。

由于缺陷距焊缝熔合线较近，减小板宽后，使该缺陷处于焊缝熔合线以内，利用焊接时的热量将缺陷熔化排出。

经验总结：

（1）在焊趾附近，深度壁厚3/4处的缺陷可能是母材夹杂。

（2）距焊缝较近的母材夹杂可通过减小板宽消除。

案例二

在生产 ϕ 711mm × 11mm 钢管时，超声波探伤时发现外焊焊趾附近有线性缺陷，缺陷深度距外表面1.5mm左右。疑似扩径裂纹，从外表面向下修磨，没有看到裂纹存在。将有缺陷的部分切下，制成金相试样。

从试样金相图上可以看到，在修磨凹坑下有一处夹杂缺陷，位于焊缝热影响区外侧，因缺陷离焊缝熔合线有一定距离，可以确定缺陷不是焊接过程中产生的，而是母材本身带有的夹杂（图5-6）。

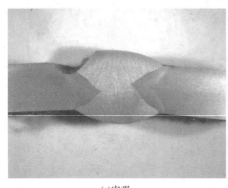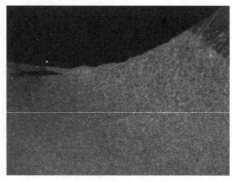

(a)宏观   (b)放大

图5-6　母材夹杂

将铣边板宽减小2mm后，缺陷消除。

原因分析：

母材夹杂是钢板生产过程中产生的，因其靠近焊缝熔合线，在减小钢板宽度后，焊缝熔合线向内移，焊接时可以将母材夹杂熔化。

经验总结：

（1）靠近焊缝处的母材可能有缺陷。

（2）钢板的切边量小时易产生母材夹杂。

（3）增加铣边切削量，减小板宽，可以消除焊缝边缘的母材夹杂。

5.5　焊缝纵向热裂纹

车间生产 ϕ1422mm × 21.4mm，X80M钢管，管端缺陷切除较多，为确定缺陷种类及位置取金相样。取样后发现焊缝内部有纵向裂纹，如图5-7所示。

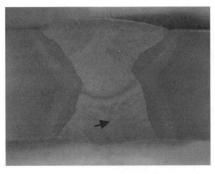
(a)纵向裂纹

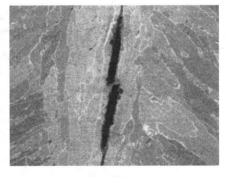
(b)放大

图5-7　内焊缝纵向裂纹

裂纹位于内焊缝中间，距内表面3~5mm，纵向长度5mm左右，沿柱状晶晶界生长，裂纹表面有金属氧化色，属热裂纹中的结晶裂纹。

结晶裂纹产生的条件：一是熔池中有低熔点共晶物，二是存在拉应力。

对裂纹处进行扫描电镜分析，检测裂纹处低熔点杂质的含量，结果显示，裂纹周围局部S含量较高。裂纹附近的母材中S含量较低。

对钢管成型及预焊情况进行调查，由于钢级高，钢板的屈服强度变化较大，当成型后钢管的开口缝较大时，预焊后存在的周向拉应力也大。

产生裂纹的原因是焊材中S的含量偏析造成的。

更换焊剂后裂纹消除。

经验总结：

（1）焊接材料中S的含量偏高会导致焊缝产生热裂纹。

（2）JCO成型钢管开口缝不能过大。

5.6　外焊缝氢气孔

在生产一批钢管两天后无损检测岗位反映发现多根钢管外焊缝表面有连续气孔。如图5-8所示，气孔位于外焊缝中心，长度方向的位置不固定。气孔较深，表面呈喇叭口形，具有典型的氢气孔特征。

氢气孔产生的原因是焊接过程中熔池接触到水或油，查找水或油的来源，清除水或油是防止氢气孔的有效措施。

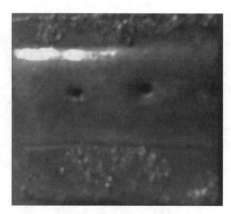

图5-8　焊缝表面气孔

对生产现场外焊岗位进行排查，焊丝表面无水、无油、无锈；焊剂是经烘干后使用，焊剂中也无水、无油；外焊前吹扫坡口的风管吹出来的风中也无水、无油；岗位上现有的钢管外坡口检查也未发现水或油。

对有连续气孔的钢管进行统计，发现管号均不是当班上料的钢板，操作工反映这是前两天铣边下线的钢板，铣边换刀时重新上线的。从预焊开始向前面的工序排查油的来源（钢板外坡口附近的水在内焊时会被蒸发）。在检查到预弯岗位时，发现预弯机钢板输入端对中辊表面有黄油，如图5-9所示。清除对中辊表面的黄油后，外焊缝没有再发现气孔。

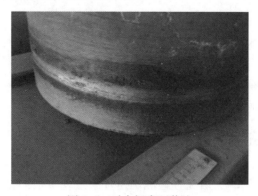

图5-9　对中辊表面黄油

原因分析：

预弯对中辊的油来源于钢板表面，钢板在从钢厂到管厂过程中，经历汽运—海船运—汽运，港口码头为便于装卸在钢板边缘涂抹了黄油，运输过程中油粘到钢板表面，管厂在上料检查时没有发现，预弯前的清扫装置在清扫钢板表面时将油扫到了钢板边缘，如图5-10所示，钢板经过对中辊时，油粘到对中辊表面。由于对中辊的间距略大于钢板的宽度，所以，从铣边岗位正常流程过来的钢板，与对中辊很少接触，对中辊上的油也粘不到板边坡口上。铣边下线的钢板重新上

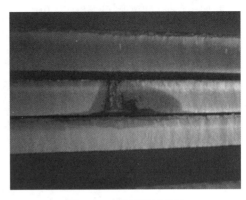

图5-10　钢板侧面黄油

线时，使用电磁吊直接吊放到预弯前辊道上，钢板在辊道上的位置有偏差，输送时钢板边缘与对中辊接触，对中辊表面的油粘到坡口边缘，导致焊接时产生气孔。

经验总结：

（1）焊接坡口中的油导致焊缝产生氢气孔。

（2）钢板表面的油污上料时应清理干净。

（3）钢板运输过程中避免接触油脂。

5.7　扩径裂纹

在生产 ϕ 711mm×14.7mm，X70M钢管时，扩径过程中多根钢管沿焊趾处开裂，见图5-11。

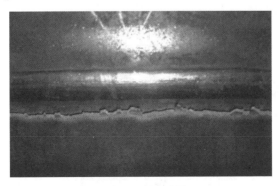

图5-11　扩径裂纹

通过测量，钢管扩径率在1.0%~1.2%之间，属正常范围。

在有裂纹的钢管上取样，制成金相试样（图5-12），从试样上可以看出，裂纹沿焊趾起裂，沿壁厚方向扩展，试样上看不到诱发裂纹的缺陷。

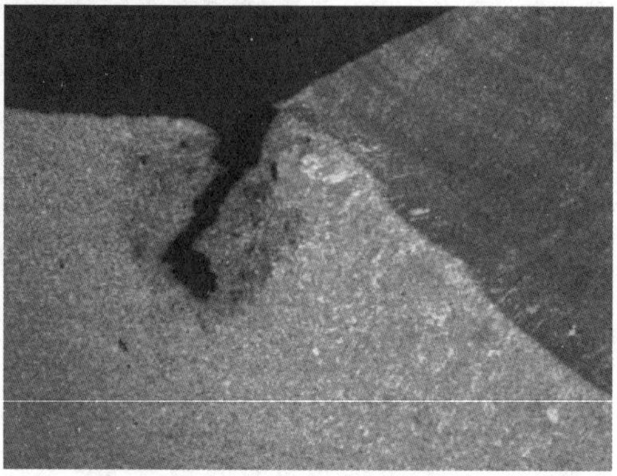

图5-12　扩径裂纹宏观

在裂纹管上取焊缝拉伸、焊缝冲击、热影响区冲击、母材拉伸、母材冲击、母材化学成分试样与没有裂纹的钢管试样进行对比，均未发现有较大差别。由此可见，裂纹的产生与母材及焊缝的性能没有关系。

试验室反映部分钢管焊缝反弯试样在焊趾处开裂。现场调查时操作人员反映扩径后发现裂纹的钢管噘嘴比较大。

对钢管扩径前的噘嘴进行测量，大部分钢管噘嘴在2mm以内，部分钢管噘嘴超过3.5mm，最大的超过5mm。

选取噘嘴较大的钢管进行扩径试验，在扩径率较小时即在焊趾处产生裂纹，而噘嘴较小的钢管扩径后没有裂纹。

调整预弯和成型工艺，保证扩径前钢管噘嘴在1.5mm以内，扩径后焊趾处不再产生裂纹。

原因分析：

噘嘴的存在使焊趾处的应力集中系数加大，扩径时焊趾处受到的拉应力超过抗拉强度，产生开裂。

经验总结：

（1）噘嘴的存在使焊趾处的应力集中系数加大。

（2）焊缝外噘时裂纹产生在内焊缝焊趾。

（3）焊缝内嗷时裂纹产生在外焊缝焊趾。

（4）控制钢管成型后嗷嘴防止产生扩径裂纹。

5.8　预焊修补气孔

在生产 $\phi 559mm \times 12.7mm$ 钢管时，X射线工业电视发现管端有疑似夹渣的连续缺陷，如图5-13所示。缺陷位于焊缝边缘，超声波探伤显示缺陷深度距钢管上表面3~5mm深。

图5-13　X射线缺陷（彩图见附录）

将缺陷部分取下制成金相试样，从金相图（图5-14）试样看，缺陷是位于外焊缝熔合线附近的气孔。金相图（图5-15）上外焊熔合线分成四个部分，左侧颜色较深的是外焊缝金属，右侧颜色较浅的是母材金属，中间黑色部分是气孔，外焊缝和母材之间颜色略深的部分是预焊修补焊缝金属。气孔在外焊缝和预焊修补焊缝上。

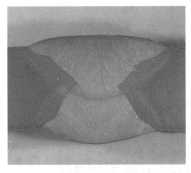

图5-14　气孔宏观

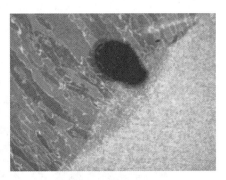

图5-15　气孔放大

83

原因分析：

根据金相试样的情况分析，气孔是预焊修补过程中产生的，在外焊时，由于外焊二丝偏向一侧。导致预焊修补焊缝没有被外焊缝完全熔掉，预焊修补焊缝中的气孔残留到焊缝中。

预焊修补采用的 CO_2 半自动焊，焊接时使用的电压过高是气孔产生的主要原因。其次，预焊修补的焊缝太宽，外焊缝偏窄，外焊时不能完全将预焊修补的焊缝熔化。

经验总结：

（1）预焊修补质量对钢管质量有很大影响。

（2）预焊修补产生的焊接缺陷可能残留到外焊缝中。

（3）预焊修补时要控制电压不能太高。

（4）预焊修补的焊缝不能太宽。

（5）外焊缝要将预焊修补焊缝完全熔化。

5.9 焊缝错边

直缝埋弧焊管的焊缝错边在预焊合缝时进行控制，管端由于预焊合拢辊接触数量少，开口缝和错边偏大，而管体合拢辊接触数量多，错边容易控制。

在生产一批 $\phi 813mm \times 21mm$ 钢管时，岗位工人反应管体局部错边偏大，如图5-16所示。现场观察，发现每间隔一定的距离就会出现一段错边偏大之处，这个距离与预弯机步长接近。检查预弯后板边情况，发现在预弯过渡段有局部板边凹陷的地方，如图5-17所示，预焊在焊到这个位置时产生错边。

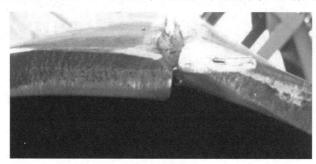

图5-16　管端错边

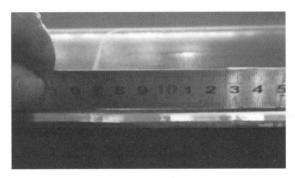

图5-17　板边凹陷

调整预弯步长后，消除过渡段的凹陷，局部错边偏大的情况消除。

原因分析：

预焊错边测量点与焊点位置有一定距离，局部板边曲率突变时，预焊合拢辊无法调节，因此产生错边。

经验总结：

（1）板边曲率突变预焊后会产生错边。

（2）前面工序的产品质量会影响到后面工序的产品质量。

5.10　重金属夹杂

在生产一批 ϕ813mm×12.7mm钢管时，超声波发现一处焊缝缺陷，工业电视上看焊缝局部颜色偏深。取样制成金相试样，如图5-18所示，在内焊缝中发现颜色异于焊缝金属的金属杂质。

(a)工业电视图像　　　　(b)宏观　　　　(c)局部放大

图5-18　重金属夹杂（彩图见附录）

用扫描电镜检测，金属中含有钨，因只发现一处这种缺陷，把排查的重点放在生产工序上，据铣边岗位人员反应，在更换铣边刀片时，发现有部分刀片有碎裂的现象。检验铣边刀片成分，主要成分与夹杂金属的成分相同。确认夹杂是由于铣边碎片造成的。

原因分析：

在钢板铣削过程中，铣边刀片碎裂后，部分碎片进入板边坡口中，在后续焊接时进入焊缝中，因刀片金属的熔点远高于熔池金属的温度，没有被熔池金属熔化，残留在焊缝金属内。

经验总结：

（1）铣边刀片碎片进入坡口，焊缝中会产生夹杂。

（2）铣边换刀时如发现刀片碎裂，应检查钢板坡口是否粘有刀片碎块。

5.11 坡口间隙变化导致焊缝气孔

在生产一批 $\phi 711mm \times 11mm$ 钢管时，初期焊接质量较好，焊接缺陷率在3%以下，生产1周后，缺陷率突然增至10%左右。从工业电视上看，缺陷为条形，如图5-19所示。从金相试样宏观图上看，缺陷为沿焊缝金属柱状晶晶界产生的蠕虫状气孔，属CO气孔。

图5-19 工业电视气孔（彩图见附录）

CO气孔的产生与钢板、焊丝、焊剂的含C量有关，与焊接工艺参数有关，与坡口尺寸有关。对钢板、焊丝、焊缝的化学成分进行检测，结果见表5-4。

表5-4　化学成分（质量分数）　　　　　　　　　　　　　　%

试样	C	Si	Mn	P	S	Cr	Ni	Cu	Mo	Nb	Ti	B
钢板	0.07	0.17	1.53	0.008	0.002	0.150	0.018	0.020	0.012	0.042	0.010	0.0001
外焊缝	0.06	0.19	1.63	0.011	0.003	0.100	0.017	0.022	0.144	0.025	0.017	0.0006
内焊缝	0.06	0.28	1.62	0.013	0.004	0.103	0.018	0.021	0.145	0.024	0.017	0.0006
焊丝	0.08	1.55	0.13	0.011	0.002	—	—	—	0.30	—	0.0176	0.0012

因本次生产所使用的钢板、焊丝、焊剂生产厂家、规格、型号均没有变化，且材料本身含C量很少，焊缝中的C含量也很少，可以排除材料C含量过高导致焊缝产生气孔这一因素。可能是工艺参数的变化导致焊缝产生气孔。

在现场调查时，发现内焊岗位一丝电流比前期使用的小，岗位人员反映，最近两天铣边坡口钝边间隙忽大忽小，内焊时焊缝背面的红线忽明忽暗，为防止烧穿，一丝电流比前期减小了20A。对铣边后板边坡口进行测量，如图5-20所示，钝边凹陷处深度超过0.5mm，超过正常深度。经询问铣边岗位人员，坡口参数没有改动，检查刀片没有松动现象。怀疑机架锁紧力不够，在钢板铣削时用手搭在铣边机机架上，发现机架沿板宽方向有轻微振动。通知钳工调高机架锁紧油缸压力，再铣削钢板时机架没有沿板宽方向振动，钝边凹陷处深度恢复正常值0.2mm以下。将内焊电流恢复原始值，焊缝气孔缺陷消除。

图5-20　钝边凹陷

原因分析：

钝边凹陷深度增大，相当于局部坡口间隙增大，内焊缝熔深增大，焊接熔池冶金反应产生的CO气体上浮所需时间增多，当热输入较小时，在熔池凝固前CO气体来不及逸出熔池，残留在焊缝内形成气孔。

经验总结：

（1）坡口间隙增大，内焊缝易产生CO气孔。

（2）铣边机架锁紧力不足导致焊缝产生缺陷。

（3）前面工序质量不好导致焊接缺陷产生。

5.12 小口径薄壁管管尾焊偏及咬边

在生产ϕ508mm×7.9mm薄壁直缝埋弧焊管时，管尾焊偏较多，且有部分钢管在起焊2m后出现直到管尾的单侧咬边，同时管尾焊缝窄而高，而且镜像布置的两条内焊生产的钢管咬边都在焊缝同一侧。如图5-21所示，焊偏是指焊缝与坡口中心不重合或内外焊缝中心不在一条直线上。如图5-22所示，咬边是指焊缝金属在邻近焊趾的母材上形成的凹槽和未充满。

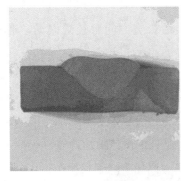 

图5-21　焊偏　　　　　　　　　图5-22　咬边（彩图见附录）

通过调整焊接参数、更换焊剂等措施，单独解决咬边的问题，没有达到预期的效果。后来据内焊岗位操作人员反映，管尾焊偏的钢管出现单侧咬边缺陷的情况较多。于是对钢管焊偏的原因进行调查。

经调查发现引起焊偏的原因是管尾焊点位置偏移，即管尾坡口不在6点钟位置，而在管端焊点不偏移的情况下管尾产生焊点偏移的原因有两个：一是钢管有轴错导致坡口倾斜，与钢管中心线有一定夹角；二是焊接车前后两组滚轮架的中心不在同一条直线上。试验发现没有轴错的钢管焊接过程中也可能产生焊偏。于是，选取一根钢管在两台焊接车上进行焊点偏移量测量，发现两台车上的焊点偏移量相差较大，由此确定焊接车前后两组滚轮架的中心不在一条直线上，产生这种问题的原因可能是焊接车存在安装误差或长期使用过程中产生的应力变形导致的。采用在焊接车滚轮架一端单侧滚轮上垫胶皮的方法，将钢管焊接坡口首尾都调整到6点钟位置，再进行焊接，单侧咬边和管尾焊偏缺陷不再产生。

原因分析：

薄壁直缝埋弧焊管产生单侧咬边和焊偏缺陷，是由于焊点偏移量较大，焊点偏离原来的平焊位置类似于横焊造成的。当焊点与水平位置距离超过导向轮跟踪范围时，导向轮带动焊接机头倾斜，焊丝与坡口表面横向不垂直，且焊点不在最低点，焊接过程中熔池液态金属受重力作用向下流淌，所以焊接过程中很容易在坡口上方引起单侧咬边。

焊偏是由于焊点偏移量大，超出内焊导向轮的横向跟踪范围，导向轮跳出内焊坡口引起的。

由于单侧咬边和焊偏缺陷的产生都与焊点偏移量有关，减少焊点偏移量，即可解决焊缝产生单侧咬边和焊偏缺陷的问题。

经验总结：

（1）调整成型，保证成型后焊接坡口的直度。

（2）焊点不在水平位置时受重力影响焊缝易产生咬边。

（3）可通过调节钢管一端中心线位置将焊点调整到水平位置。

（4）可以在焊到管尾时转动钢管将焊点调整到水平位置，但需要熟练的工人操作。

5.13　扩径压坑

生产线投产初期，成品检验时，发现钢管内壁有间距相同、形状相似、尺寸相近的压坑，如图5-23所示。

初步分析，钢板上料时没有发现上表面有压坑，压坑是在生产过程中产生的，生产工序能产生钢管内壁压坑的工序有预弯、成型、扩径三个工序，预弯只加工板边缘200mm左右，排除预弯工序。

图5-23　扩径压坑

经测量比较，压坑的间距与扩径的步长相同。为验证该压抗是否由扩径造成，在切除的废管段内放入一块焊剂渣壳，扩径后钢管内壁也出现类似的压坑。

原因分析：

扩径机为步进式工作，扩径头外表面为强度较高的钢材，当钢管内壁与扩径头之间有杂物时，扩径过程中杂物被挤压在一个较小的区域内，相当于增大了扩径头局部直径，使局部钢管变形增大，产生压坑；而后，被挤压的杂物粘在扩径头上，每扩一步钢管都产生一个压坑。

扩径前使用高压水冲洗钢管内杂物，当水压较低、冲洗时间较短或钢管内有密度较大的杂物时，有可能不能完全将杂物从钢管内清除，导致扩径后产生压坑。

经验总结：

（1）扩径前应将钢管内的焊剂、渣皮清理干净。

（2）补焊后应将钢管内的焊条头等杂物清理干净。

（3）保证扩径前冲洗的水压和冲洗时间。

5.14　内焊缝氢气孔

案例一

在生产线投产初期，内焊缝出现连续气孔，如图5-24、图5-25所示，气孔表面呈喇叭口形，查阅相关资料，符合氢气孔的特征，判断焊缝中产生的是氢气孔。

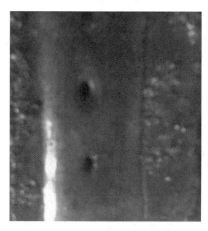 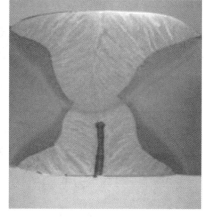

图5-24　焊缝表面氢气孔　　　　　图5-25　内焊氢气孔

氢气孔的产生与进入焊接熔池中的水或油有关。检查发现内焊未焊接的钢管内壁有水，部分钢管坡口中也有水。向内焊之前的工序查找，发现钢管内壁的水是超声波板探时用作耦合剂的水没有清理干净，成型后留在钢管内表面。在板探增加除水装置后，内焊缝气孔不再产生。

原因分析：

为保证板探超声波探伤效果，用作耦合水的水量较大，在生产节拍较快时，钢板到达成型岗位，钢板表面残留的水还没有干，成型后留在钢管内，由于内焊是在下方6点的位置进行焊接，钢管坡口旋转到下方后，钢管内的水流到坡口内，焊接后产生气孔。

经验总结：

（1）钢板探伤使用的耦合水应在铣边前清理干净。

（2）内焊前应将钢管坡口附近的水清理干净。

（3）钢管坡口中有水时内焊缝易产生气孔。

案例二

在生产一批 ϕ914mm × 24 mm钢管时，多次发现内焊缝产生气孔、夹珠、焊瘤缺陷。2个月前用相同的工艺生产同一规格的钢管时，没有发现类似的缺陷。

图5-26（a）是工业电视下看到的气孔，图5-26（b）是工业电视下看到的夹珠，图5-27是内焊缝表面的焊瘤。气孔位于内焊缝中心，工业电视上看到的气孔亮度较高。

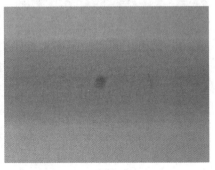

(a)工业电视气孔   (b)工业电视夹珠

图5-26　气孔

图5-27　内焊表面焊瘤

图5-28是内焊缝表面气孔形状，符合氢气孔的特征。

现场调查发现，钢管内坡口两侧有油，如图5-29所示，向内焊以前的工序检查，发现是成型机液压缸漏油滴到钢板表面导致内焊缝产生气孔。

进入夏季，气温升高，成型机液压站散热慢，油温升高，液压缸密封效果变差、漏油，在钢管成型过程中有油滴落到坡口表面。

在成型岗位增加防护措施，防止油滴落到钢管上，并要求内焊岗位在焊前检查，如发现坡口表面或边缘有油，先用稀料将油擦除，再进行焊接。采取上述措施后，气孔消除。

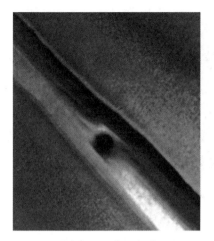
图5-28　表面气孔

图5-29　钢管表面油

原因分析：

成型机液压油在焊接时分解出大量的氢，在焊缝中产生气孔。由于成型机的油滴落在钢板上表面即钢管内表面，所以气孔在内焊缝产生。在清除钢管内表面的油之后，消除氢的来源，焊缝中不再产生气孔。

内焊缝的夹珠和焊瘤是由于内焊时产生的氢气孔根部接近外焊根部熔合线，在外焊时气孔被烧穿，有熔池金属流到气孔内形成夹珠，当熔池金属通过气孔流到内焊缝表面时形成焊瘤。

经验总结：

（1）夏季气温高，液压系统易漏油。

（2）成型机漏油可能导致内焊缝产生氢气孔。

（3）清除焊接坡口中的油是防止焊缝产生氢气孔的有效措施。

5.15　噘嘴引起的烧穿

在生产一批 ϕ720mm×11mm 的钢管时，第二个班连续出现多根内烧穿的钢管，见图5-30。

现场调查，内焊操作人员反映焊缝背面红线特别亮，钢管焊缝外噘嘴较大。将内焊一丝和二丝电流减小，焊接速度提高，外焊一丝电流增大，烧穿不再出现，内外焊焊缝重合量也符合要求。

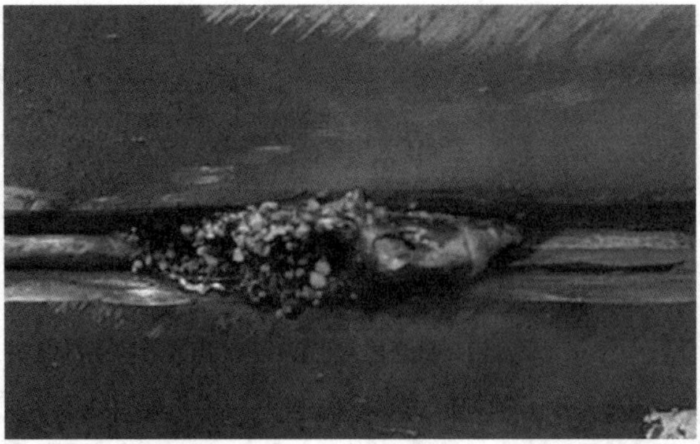

图5-30　内烧穿

到预焊岗位调查焊缝噘嘴情况，发现合缝过程中焊缝两侧1#和8#合拢辊压下时，焊缝产生较大的外噘嘴，将焊缝正上方9#合拢辊伸出量增大，其他几组合拢辊伸出量减小，如图5-31，将预焊合缝时噘嘴减小，内焊时钢管背面红线亮度降低，内外焊参数调回初始值。

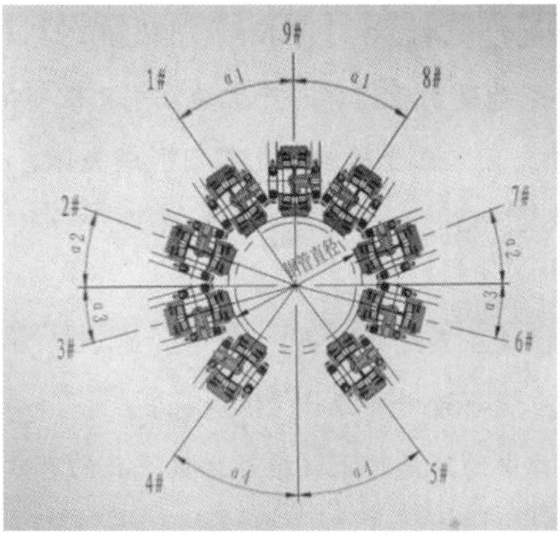

图5-31　预焊合拢辊

原因分析：

ϕ720mm的钢管第一次生产，预焊合拢辊使用的是ϕ711mm的参数，合拢时管径比ϕ720mm的小，由于1#、8#、9#的合拢时间晚于其他几组辊，导致钢管外噘较大。钝边合缝后呈V字形，钝边的有效厚度减小，内焊时易产生烧穿。合拢辊伸出量调整后，预焊合缝时外噘减小，钝边合缝后呈I形，保证了钝边的有效厚度，内焊时不再产生烧穿。

经验总结:

(1)钝边合缝不严内焊易产生烧穿。

(2)适当降低电流,提高焊速可防止烧穿。

(3)钢管嗽嘴大易导致钝边合缝不严。

(4)管径变化时预焊合拢辊伸出量应适当进行调整。

5.16 钢板锈蚀产生的焊缝气孔

在投产初期,使用进口钢板生产钢管时,焊接质量很好,但换用国产钢板生产时,焊缝产生较多气孔,内外焊缝均有气孔产生,如图5-32、图5-33所示。

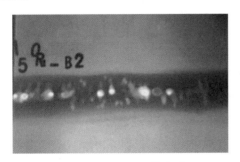 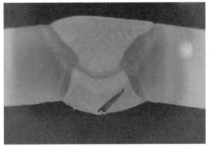

图5-32 工业电视缺陷图　　　　　图5-33 气孔宏观

对比发现,进口钢板表面发蓝,成型后钢管表面比较干净;国产钢板表面发黑、发红,成型后有大量的铁锈、氧化皮脱落。初步判断是焊缝中铁锈较多产生的气孔,为了验证这一想法,在引熄弧板上内焊坡口中加入铁锈,结果见图5-34。

 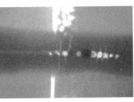 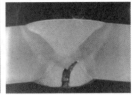

(a)坡口中加锈　　　(b)表面气孔　　　(c)工业电视缺陷图　　　(d)气孔宏观

图5-34 锈蚀试验

通过对比,钢板表面的铁锈是产生气孔的主要原因。

在铣边增加了板边除锈装置，预焊后增加了钢管内壁除尘装置，在内焊机头增加了进管吹风，用于清除板边的锈及成型后钢管内脱落的铁锈和氧化皮。采取这些措施后，焊缝很少出现气孔缺陷。

原因分析：

铁锈的主要成分$Fe_2O_3 \cdot nH_2O$，由于铁锈中含有大量的结晶水，焊接过程中分解出大量的氢气，导致焊缝中产生气孔。

发蓝的钢板表面有一层致密的Fe_3O_4保护膜，能提高钢板的防锈能力，有效地保证钢板内部不被氧化。

经验总结：

（1）钢板表面锈蚀可能导致焊缝产生气孔。

（2）焊前应清除坡口边缘的锈。

（3）内焊前应清除钢管内脱落的铁锈和氧化皮。

第6章　操作方法不当产生的焊接缺陷

在直缝埋弧焊管生产中，由于生产线未实现完全自动化，大部分设备需要人工操作，操作人员的技术水平决定产品的质量和生产效率，人员因素也是影响产品质量的重要因素。

人员因素，如新员工技能较差、操作不熟练，新到岗位对设备不熟悉，精神状态不好等，可能导致焊接缺陷产生。这类缺陷在换其他员工操作时就不再产生。

6.1　地线位置导致的咬边

某厂在生产 $\phi 406\text{mm} \times 20.3\text{mm}$ 钢管时，管尾焊缝窄而高，两侧有深而宽且有夹渣的咬边，如图6-1和图6-2所示。

图6-1　焊缝外观　　　　　　　　　图6-2　焊缝宏观

初步分析认为窄而高的焊缝可能是钢管在焊到管尾时，熄弧板没有开坡口，跟踪刀轮走到熄弧板上时，焊丝干伸长加长，丝距减小所致。

在熄弧板上开出坡口后焊接，管尾焊缝仍有类似的情况出现，只是焊缝高度有所降低，咬边深度减小，如图6-3和图6-4所示。

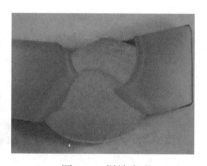

图6-3　焊缝外观　　　　　　　　　　　　图6-4　焊缝宏观

　　现场调查时，岗位操作人员反映，由于前期生产时，出现过接地导电块连接到熄弧板上，因接触不好导致断弧的情况，所以焊接时将导电块接到管尾上。

　　在重新将导电块接到熄弧板上，如图6-5所示，并保证接触良好后，管尾焊缝正常。

图6-5　导电块位置

原因分析：

　　焊接过程中直流焊机焊接电流流经焊丝、导电块、钢管时会产生磁场力，磁场力的方向与电流方向有关，在焊接到导电块上方的焊缝时，焊点与导电块之间的水平距离由大变小到0，再由小变大，经过导电块的焊接电流的流向发生改变，磁场力的方向改变，焊缝金属的流动发生变化，产生窄而高的焊缝。当导电块接到管体上时，管端产生窄而高的焊缝；当导电块接到熄弧板上时，磁场力的方向改变产生在熄弧板上，管端焊缝不受影响。

经验总结：

　　（1）地线接入点的位置对焊缝成型有影响。

（2）一丝使用直流电源时，地线应尽可能接到熄弧板上。

6.2　焊偏导致未熔合

在试制 $\phi 1422\text{mm} \times 30.8\text{mm}$，X80弯母管时，使用的是相同壁厚直管的工艺参数。焊后超声波检验发现焊缝内有类似裂纹的缺陷存在，缺陷在壁厚的中心，宽度方向距外焊缝中心3~4mm，长度较长。为确定缺陷类型，查找缺陷产生原因，取样制成金相试样，如图6-6所示。

(a)宏观　　　　　　　　　　　　　　(b)局部放大

图6-6　未熔合

从宏观图上可以看出，内外焊缝重合量比较小。在显微镜下看到在内外焊缝交叉点外侧有一个颜色介于母材的焊缝金属之间的四边形区域，分析认为，该区域内金属的组织、颜色与右侧母材及左侧埋弧焊缝不同，判断其为预焊焊缝金属。左右两侧竖直边线为未熔化的坡口钝边，中间为预焊时流到钝边间隙中的焊缝金属，与未熔化的钝边之间产生未熔合。该缺陷具有焊偏、未焊透、未熔合三种特征。

原因分析：

（1）内外焊一丝电流偏小，热输入偏低，焊缝重合量偏小。

（2）内外焊缝偏向坡口同一侧。

经验总结：

（1）弯母管的热输入应大于同壁厚的直管。

（2）内外焊缝重合量不能太小。

（3）校正自动跟踪，防止焊偏。

6.3 焊偏

在生产线投产初期，由于操作不熟练，焊缝焊偏缺陷较多，如图6-7所示，由于焊接坡口完全熔化，焊后的钢管无法区分是内焊焊偏还是外焊焊偏。

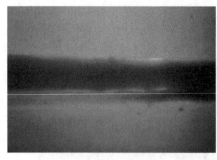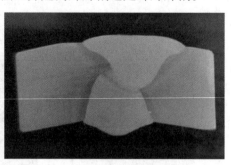

(a)工业电视图像   (b)宏观

图6-7　焊偏

要求内外焊岗位将焊丝对正坡口中心，但由于每个人的实际操作都存在误差，仍有焊偏缺陷产生。

为了能够确定是内焊偏还是外焊偏，要求内外焊岗位焊接前在焊缝两侧画宽度略大于焊缝宽度的平行线，焊后测量焊趾与线之间的距离，两侧的距离的差值即为焊缝相对于坡口中心的焊偏量。在采用此方法后，内外焊岗位操作人员能够及时发现焊偏并做出相应调整。

部分钢管即使将焊丝对正到坡口中心，仍有焊偏的情况发生，检查发现焊丝横向调节装置紧固螺钉太松，送丝过程中导电杆带动焊丝左右摆动，将紧固螺钉拧紧后，焊丝不再摆动，焊偏消除。

原因分析：

直缝管采用双面埋弧焊，焊丝在与坡口垂直的平面内，电弧形成的熔池沿焊丝轴线呈左右对称分布，当焊丝偏离坡口中心时，熔池也偏离坡口中心，形成焊偏。

经验总结：

（1）内外焊分别控制焊偏量。

（2）焊偏的产生与焊丝是否对正坡口中心有关。

（3）焊丝紧固螺钉要锁紧，防止焊接过程中焊丝产生偏移。

（4）在焊缝两侧画平行线检查是否焊偏。

6.4　母材气孔

在生产一批 ϕ711mm×12mm钢管时，2#射线工序发现一根钢管距管端10mm，距焊趾15mm的位置有一处缺陷，超声波手探显示缺陷接近钢管内表面，砂轮修磨，发现该缺陷是气孔，如图6-8（a）所示，修磨到钢管壁厚下限时，缺陷仍存在。

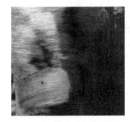 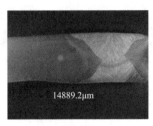 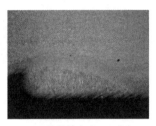

(a)钢管内表面气孔　　　(b)宏观图　　　(c)缺陷放大（×100）

图6-8　母材气孔

从图6-8（c）将缺陷放大100倍后的金相图上可以看到，气孔附近金属的组织与周围的母材不同，类似于焊缝组织，并且与母材之间有一条热影响区。

现场调查，焊引熄弧板岗位操作人员反映，在该钢管点固熄弧板时，焊到了旁边母材上，焊完后将焊点进行了修磨。

原因分析：

该气孔缺陷是引熄弧板焊接时产生的。引熄弧板采用手工CO_2半自动焊焊接，焊前点固熄弧板时，焊枪未对到坡口内，焊点偏到附近的母材上，操作人员只对焊点进行了简单的表面修磨，没有通知上料检验人员将其做标记切除。

经验总结：

（1）CO_2半自动焊焊缝可能产生气孔。

（2）手工焊接时可能伤到焊缝附近的母材。

（3）焊接到坡口以外的母材上，应将这部分管段切除。

6.5 悬臂抖动产生的内咬边

某厂在生产 $\phi 406mm \times 7.1mm$ 钢管时，X射线检测发现内焊缝有多处咬边，如图6-9所示，图中白色部分为焊缝。

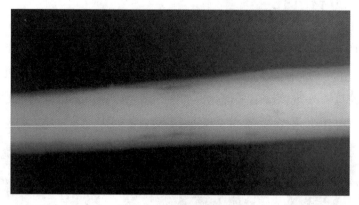

图6-9 X射线咬边图像

检查内焊电流电压及送丝，没有发现异常情况。操作人员反映，由于内焊坡口内有焊瘤，为防止焊接过程中跟踪轮压到焊瘤上出现焊偏，跟踪轮没有施加压力。

由于内焊坡口深度仅0.1mm，将内焊跟踪轮在靠近坡口边缘压下并施加一定的压力，焊丝对正坡口中心，重新焊接，咬边消除。

原因分析：

内焊悬臂没有压力时，悬臂呈自由状态，由于悬臂较长，刚性较差，受到外力作用时易产生抖动。焊接过程中焊丝送丝速度发生变化时，悬臂受力相应发生改变，可能导致悬臂产生抖动现象，悬臂抖动时会引起电弧长度发生变化，焊接电压电流产生较大波动，焊缝中出现咬边。

经验总结：

（1）在焊接过程中内焊悬臂要保持一定的压力。

（2）内焊悬臂没有压力时，焊缝易产生咬边。

（3）焊接过程中悬臂应保持稳定。

6.6　焊接电弧不稳

　　某厂在生产 ϕ 406mm × 7.1mm 钢管时，先用2#内焊生产，焊接过程稳定。换1#内焊焊接时，第一根管焊接过程中明弧严重，电弧不稳定，一丝电流电压波动较大，焊缝外观不规则，如图6-10所示。

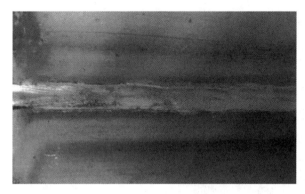

图6-10　焊缝不规则

　　焊后检查，一丝焊丝直径与2#内焊不同。2#内焊一丝使用的是 ϕ 3.2mm 焊丝，1#内焊使用的 ϕ 4.0mm 焊丝。操作人员反映，由于缺少焊丝盘，认为焊丝直径差别不大，就直接使用焊丝盘上原有 ϕ 4.0mm 焊丝。更换成 ϕ 3.2mm 焊丝，并按2#内焊的参数重新调整后，焊接正常。

原因分析：

　　操作人员对相关工艺参数的影响不了解。

　　埋弧自动焊焊丝熔化时需要足够的电流密度。直缝焊管多丝埋弧焊使用焊丝直径大多是 ϕ 3.2mm 或 ϕ 4.0mm 的粗焊丝，采用陡降特性电源，匹配变速送丝，使用带齿的V形轮驱动，送丝速度是由给定电流作为基准信号，并用电弧电压负反馈信号进行调节。电弧稳定燃烧的条件是焊丝的熔化速度等于送丝速度。薄壁管生产时使用的电流较小，当焊丝直径偏大时，没有足够的电流密度，焊丝熔化速度低于送丝速度，弧压逐渐变小，焊丝伸出长度逐渐变大，焊丝上的电阻热增加，当积累到一定程度时，焊丝发生爆断现象，弧压突然增高，电弧不稳定，并伴有闪光和声响。由于电流电压的变化，导致焊缝宽度和高度均发生波动，焊缝呈现忽宽忽窄，忽高忽低的情况。

经验总结：

（1）埋弧自动焊操作人员应了解相应的基础知识。

（2）焊接电流较小时不能使用粗焊丝。

（3）电流密度不足，焊丝熔化不稳定，焊缝不规则。

6.7 外焊缝CO气孔

某厂在生产 ϕ 406mm × 6.5mm钢管时，生产几天后，多根管外焊缝出现连续气孔（图6–11）。

工业电视图像上可以看到气孔呈长条形（图6–12），与焊缝成一定角度，与虫孔类似，判断该气孔为CO气孔。CO气孔产生与焊接工艺参数有关。

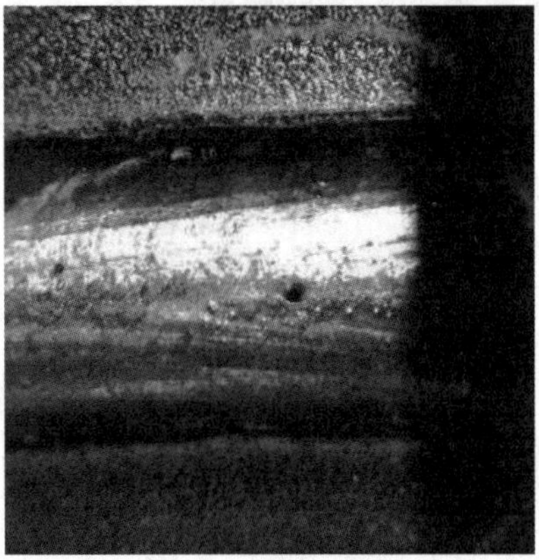

图6–11 表面气孔

图6–12 工业电视气孔（彩图见附录）

现场调查时，岗位人员反映焊接电流没有变化。有气孔的几根钢管外焊焊接顺序不连续，中间几根钢管没有气孔。询问使用的焊丝干伸长及丝距大小时，焊工说丝距没有变化，由于钢管壁厚小，外坡口浅，预焊后外坡口已被填满，激光自动跟踪无法使用；但由于管径小，且内焊后钢管外噘嘴比较大，外焊机头焊剂靴离钢管表面距离高时，焊剂从焊剂靴侧面流走，易产生明弧；所以外焊机头的高度是以焊剂靴接触到钢管表面为准，没有控制焊丝干伸长。

将外焊二丝电流增加20A，三丝电流增加10A，同时要求控制焊丝干伸长度，焊缝不再产生气孔。

原因分析：

外焊焊剂靴底部的宽度约70mm，由于管径小，内焊后钢管外噘嘴的大小不同，导致外坡口表面到焊剂靴底部的高度差不同，以焊剂靴底部控制机头高度时，焊丝干伸长产生变化。当焊丝干伸长度减小时，丝距增大，熔池长度增加，单位长度上的热输入减小，焊缝冷却时间变短，冶金反应产生的CO气体来不及逸出残留在焊缝中产生气孔。

经验总结：

（1）外焊缝也可能产生CO气孔。

（2）焊丝丝距过大焊缝可能产生CO气孔。

（3）焊丝干伸长变化过大焊缝可能产生缺陷。

（4）焊接时应控制焊丝干伸长和丝距。

6.8　电弧烧伤

在生产一批 ϕ 1219mm×22mm钢管时，成品检验多根钢管管尾1m左右外表面发现电弧烧伤（图6-13）。

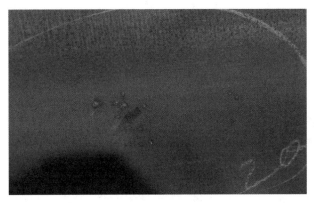

图6-13　电弧烧伤

经统计，有电弧烧伤的钢管均为2#外焊生产。

检查2#外焊接地电刷，磨损不严重。

焊工反映，在熄弧时看到电刷与钢管接触处有弧光。怀疑2#外焊熄弧设置有问题，对比两套外焊熄弧设置，发现2#外焊3丝熄弧反烧时间比其他几丝长，将其改到与其他几丝相同的时间后，不再产生电弧烧伤。

原因分析：

在外焊控制程序中，熄弧后接地电刷自动抬起，焊接程序中熄弧返烧时间从熄弧时开始计算，电刷抬起过程中电弧还未熄灭，电刷与钢管之间容易产生虚接，导致钢管产生电弧烧伤。

经验总结：

（1）管尾钢管表面电弧烧伤与熄弧返烧时间有关。

（2）钢管焊接熄弧返烧时间不宜过长。

（3）焊接停弧时，为防止电弧烧伤，导电刷应延时抬起。

第7章 其他因素产生的焊接缺陷

焊接现场的环境对焊接质量有较大的影响，如环境温度低，焊缝冷却速度加快，为防止焊缝中产生缺陷，有时需要进行预热；环境湿度大，焊剂易吸潮，焊缝易产生氢脆或气孔；焊接现场风较大，气体保护焊易产生气孔。

直缝埋弧焊管都是在厂房内生产，比野外施工的条件好，受环境影响也较小，但是不同时间相比总会有一些差异。如厂房内夏季和冬季的温差，春季和秋季的风，夏季空气湿度等。

单一的环境条件变化不一定会导致焊缝中产生缺陷，但和其他条件结合到一起可能会导致焊缝中产生缺陷。

其他焊接辅助设备故障也可能导致焊缝中产生缺陷。

7.1 外焊缝氢致冷裂纹

车间生产 $\phi 1016\text{mm} \times 21\text{mm}$，X70M钢管时，1#射线在某根管东端2150mm处发现一处气孔，补焊后手探复查时在距气孔东端50mm处原焊缝内发现一处横向裂纹，见图7-1。对两天内生产的钢管进行全焊缝手探复查，未发现类似的缺陷存在。

超声波探伤发现裂纹在壁厚方向较长，将裂纹部位取下，制成拉伸试样，在拉伸试验机上拉断，断口见图7-2，裂纹表面为白色脆性断口，约5mm宽度，从外焊缝根部沿焊缝一侧熔合线向上延伸，在靠近壁厚中心的裂纹根部有氢白点。由此，可以判定裂纹为氢引起的外焊缝冷裂纹。

图7-1　裂纹

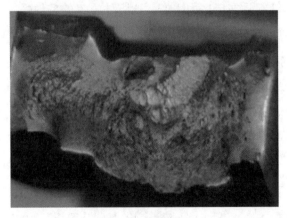

图7-2　拉伸断口

原因分析：

（1）裂纹产生的原因是外焊过程中有少量的水或油进入熔池，焊接过程中水分解出的氢在焊缝晶界聚集，并未产生开裂。当附近焊缝发现气孔补焊后，焊缝中的纵向拉应力加大，在氢的共同作用下导致焊缝开裂。

（2）对外焊岗位进行检查，发现天车停留在内外焊中间的区域，天车减速箱有渗油现象。偶尔有落下的油滴掉在钢管表面上。

经验总结：

（1）焊接坡口中进入少量水或油时焊缝中可能产生氢脆。

（2）有氢脆的焊缝在拉应力增大时可能产生冷裂纹。

（3）避免焊缝中进入水或油是防止焊缝产生氢脆的根本措施。

7.2　预焊缝气孔

预焊采用的是 CO_2+Ar 气体保护焊，在生产一批 ϕ 1016mm × 21mm 钢管时，初期管体焊接质量比较稳定，某一天焊缝出现连续表面气孔。

初步分析认为可能导致气孔产生的原因有以下几点：

（1）焊接电压不合适。

（2）电压显示值与实际值有误差。

（3）保护气流量不足或压力低。

（4）保护气杂质含量高。

针对以上几点原因逐项进行排查。

（1）观察焊接过程，发现电压为常用值，波动较小。

（2）找电工测量焊机输出电压，与电压表显示值相同。

（3）查看保护气供气装置，气体流量及压力正常，管线没有漏气点。

（4）更换新的氩气及 CO_2 后，也没有效果。

现场调查，发现车间外边的风较大，预焊机附近厂房的门开着，焊接过程中有风吹到焊接区域。将厂房门关上后，预焊缝气孔消除。为防止类似的情况再次发生，在预焊机侧面增加一块挡板进行防护。

原因分析：

当有风吹到预焊区域时，焊枪喷嘴中流出的保护气被吹散，失去保护效果，焊缝中产生气孔。

经验总结：

（1）气体保护效果不好时，焊缝中会产生气孔。

（2）作业环境中有风时会影响气体保护效果。

7.3　补焊焊缝性能不合格

在生产一批 ϕ 559mm × 17.5mm，X65MO 海底管时，生产初期做的焊条电弧焊补焊工艺评定，全壁厚焊缝纵向拉伸屈服强度低于标准要求，需要重新做补焊工艺评定。

对补焊不合格的原因进行调查。

全壁厚试样开单面坡口，使用大西洋CHE607GX焊条焊接900mm管段，焊后拍片时，发现单面全壁厚焊缝根部有缺陷，从内表面进行根部气刨清理后盖面成双面焊缝，拍片合格。

一车间补焊工反映，单面坡口根部较窄，熔渣不易浮出。焊接过程中发现部分焊条工艺性能不好，铁水和渣分不清，从烘干箱取出的焊条有部分颜色发白，药皮一碰就掉，焊条弯曲后药皮脱落，见图7-3。

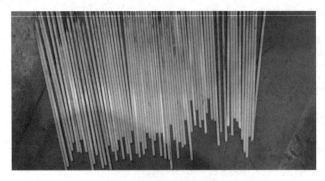

图7-3　烘干后的焊条

取出烘干箱内的焊条进行检查，发现焊条的颜色不均匀，有的发青，有的发白，有的青白相间。

补焊工反映，这批焊条出现这种情况较多。

询问二车间的补焊工，相同批号的焊条烘干后没有出现过类似情况。

重新取一包焊条，分成两份，在两个车间分别烘干后检查，一车间烘干的焊条有部分颜色发白的，二车间烘干的焊条颜色全部为青色。

判断一车间焊条烘干箱损坏。

要求补焊工在焊条烘干箱修好前，用焊条保温筒从二车间烘干箱内取焊条进行焊接。

在钢管上重新开双面坡口进行全壁厚补焊工艺评定试验，试验结果合格。

原因分析：

焊条说明书建议烘干温度350~400℃，设定烘干温度是380℃，焊条烘干箱损坏后，烘干箱内的温度不均匀，局部温度超过500℃，而碱性条在烘干温度超过430℃时焊条药皮中的$CaCO_3$就会分解，焊条药皮失效，焊条的工艺性能和焊缝金属的机械性能都会受都较大影响。

经验总结：

（1）焊条电弧焊工件根部坡口不能太窄。

（2）使用前检查，碱性焊条烘干后颜色发白的不能使用。

（3）焊条烘干箱损坏可能导致焊缝性能不符合要求。

7.4　内焊缝管尾裂纹

某厂在10月份生产$\phi 406mm \times 7.1mm$，L360M钢管时，扩径后X射线工业电视抓图检测发现管尾有线性缺陷，见图7-4（a）。为确定缺陷类型，取缺陷部位制成金相试样，见图7-4（b）。

   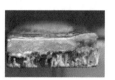

(a)工业电视裂纹　　(b)裂纹宏观　　　(c)表面裂纹　　　(d)裂纹断面

图7-4　管尾裂纹（彩图见附录）

从图7-4（b）可以看到，该缺陷为内焊焊缝中心的热裂纹。

钢管是用卷板连续成型并预焊后切断的。通过统计发现，约10%的钢管管尾有裂纹，裂纹都产生在管尾60mm内。

在生产$\phi 406mm \times 6.5mm$，L360M钢管时，管尾发现同样裂纹，并且裂纹管的比例为90%，部分裂纹从焊缝表面可以看到，见图7-4（c）。检验焊缝和母材的化学成分，没有发现低熔点共晶物存在。初步判断可能是管尾的焊接应力比较大导致裂纹的产生。

内焊使用双丝交流埋弧焊。由于壁厚小，热输入高时易产生烧穿；热输入低时易产生咬边、气孔、夹渣等缺陷。焊接工艺参数可调节范围较小，考虑减小管尾内焊时的焊接应力。在管尾外焊缝处增加吹风装置，改变内焊缝背面冷却速度，以调节焊接应力产生的时间。使用后，$\phi 406mm \times 7.1mm$钢管焊缝裂纹比例下降，ϕ406mm×6.5mm钢管仍然较多。

在12月份用相同工艺生产ϕ406mm×7.1mm和ϕ406mm×6.5mm钢管时，管尾没有发现裂纹。与10月份相比，焊接区环境温度下降10℃左右。

热裂纹只在内焊管尾产生，比较内焊管体和管尾的焊接条件，不同点是内焊机头跟踪轮前焊接吹风的风管距焊点约500mm，管体焊接时风管吹出的压缩空气压力高，在管体内产生管端流向管尾的风，加快焊缝的冷却速度，焊到管尾时焊接吹风的风管先离开钢管，管体内的风消失，焊缝的冷却速度降低。

在内焊机头焊枪后方增加风管，保证管尾焊缝与管体具有同样的冷却速度。

原因分析：

（1）热裂纹的产生原因是高温焊缝塑性较低时承受较大的拉应力。钢管内焊时，焊缝背面冷却收缩使焊缝产生拉应力，当拉应力产生时焊缝金属塑性较低时易产生裂纹。

（2）环境温度降低后，焊缝冷却速度加快，强度和塑性上升速率超过拉应力上升速率。

（3）风冷的冷却速度比空冷的高，可以加快焊缝金属冷却速度。在焊缝正面风冷，背面空冷的条件下，焊缝塑性上升较快，在焊缝中产生拉应力时焊缝有足够的塑性，避免裂纹的产生。

经验总结：

（1）小口径薄壁管由于热输入小，焊速低，内焊时易产生热裂纹。

（2）热裂纹的产生与焊缝的冷却速度有关。

（3）风冷可以增加焊缝的冷却速度，降低热裂纹产生的概率。

7.5　预焊修补焊缝未熔合

在生产ϕ406mm×6.5mm钢管时，管尾超声波探伤时发现不连续的缺陷，缺陷接近外焊缝中心，深度在壁厚中心偏下的位置，疑似未焊透，取缺陷部位制成金相试样，见图7-5。

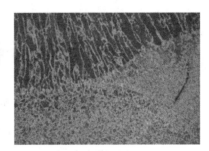

(a)焊缝宏观　　　　　　　　　　(b)局部放大

图7-5　未熔合（6.5mm）

从金相图上可以看到，内外焊缝根部没有重合到一起，缺陷在埋弧焊缝外侧，所在区域的组织和颜色与埋弧焊缝、热区和母材的都不同，判断为预焊修补的CO_2焊缝，该缺陷是预焊修补时产生的未熔合。

在生产ϕ559mm×17.5mm钢管时，也发现类似的缺陷，见图7-6。

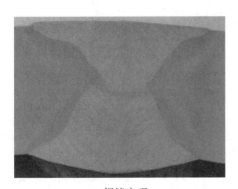

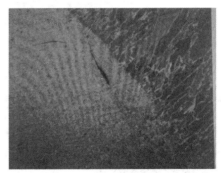

(a)焊缝宏观　　　　　　　　　　(b)局部放大

图7-6　未熔合（17.5mm）（彩图见附录）

原因分析：

预焊修补时电压偏高，焊缝宽度较大，焊缝中有未熔合产生，而外焊熔深小，根部焊缝窄，没有将预焊修补焊缝完全熔化，部分缺陷残留在焊缝中。

经验总结：

（1）预焊修补时焊缝中可能产生缺陷。

（2）预焊修补缺陷可能留在焊缝中。

（3）外焊缝熔深及根部宽度不能太小。

7.6　预焊修补导致未焊透

在生产 ϕ 508mm × 12.7mm钢管时，X射线发现管端有两处线性缺陷，如图 7-7所示。

图7-7　工业电视图像

取缺陷部位制成金相试样，如图7-8所示。

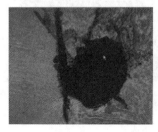  

(a)左侧放大　　　　　　　　　(b)宏观　　　　　　　　(c)右侧放大

图7-8　两侧未焊透

在内外焊缝交叉处外侧左右各有一处缺陷。缺陷之间的直线距离为8mm。

左侧内焊缝熔合线外侧有一处夹渣，与外焊缝不相连，夹渣外侧有一条与壁厚方向平行的竖线，边缘比较整齐。

焊缝右侧缺陷为一条与壁厚方向平行的竖线，边缘比较整齐，线的右边为母材，左方颜色较深的是内焊缝，颜色略深的是预焊修补焊缝，与外焊缝不相连。

两条平行壁厚方向边缘比较整齐的竖线，疑是坡口钝边。

在现场调查时，操作人员反映，预焊未焊的管端开口缝较大，预焊修补时无法将开口缝合拢，直接用CO_2半自动焊将开口缝填充。

判断工业电视看到的焊缝中两条平行的缺陷为未焊透。

原因分析：

预焊修补未将管端开口缝合拢，预焊修补焊接参数不合适，焊缝两侧产生夹渣和未熔合。内外焊焊缝根部较窄，未将修补焊缝完全熔掉，缺陷残留在焊缝中，产生夹渣和未焊透。

经验总结：

（1）预焊修补时应先将管端开口缝合拢。

（2）注意调整预焊修补焊接参数，防止焊缝中产生缺陷。

（3）坡口合缝间隙超过焊缝根部宽度时，焊缝两侧可能同时产生未焊透。

参考文献

［1］张文钺.焊接冶金学［M］.北京：机械工业出版社，2004.

［2］田锡唐.焊接结构［M］.北京：机械工业出版社，1982.

［3］D. 拉达伊.焊接热效应温度场、残余应力、变形［M］.北京：机械工业出版社，1997.

［4］王亚男.常见焊接接头缺陷分析［J］.科技风，2011，06：144.

［5］黎剑峰.埋弧焊比线能量与对接焊缝熔深的关系［J］.焊接技术，2001，30（3）：16-17.

［6］赵波等.基于SYSWELD的多丝埋弧直缝焊管三维热数值模拟研究［J］.焊管，2012，35
（03）：41-46.

［7］赵世雨等.直缝焊管多丝埋弧焊焊接工艺［J］.管道技术与设备，2009，01：36-38.

［8］林文斌等.X70直缝钢管4丝埋弧焊焊接工艺试验［J］.焊接技术，2002，31（2）：
24-25.

［9］柯星星，张世涛，户志国.交流双丝埋弧焊在薄壁直缝焊管内焊中的应用［J］.现代焊
接，2013，（1）：48-50.

［10］李延丰，邓璐，田廓.一种小直径直缝埋弧焊管的制造方法［J］.钢管,2013，08
（4）：37-39.

［11］API SPEC SL—2012，管线钢管规范［S］.

［12］姜焕中.电弧焊及电渣焊（第2版）［M］.北京：机械工业出版社，1992.

［13］GB/T 9711—2017，石油天然气工业 管线输送系统用钢管［S］.

［14］王立柱.钝边角度对直缝埋弧焊管的影响［J］.钢管，2016，06（3）：58-61.

［15］王立柱，魏旭，张婷婷，徐佳，刘伟丽，王亚彬.直缝埋弧焊管焊缝CO气孔产生的原
因［J］.焊管，2015.02（2）：64-67.

［16］王立柱，龚健，孟凡佳，袁超，吴镇宇，秦楠.直缝埋弧焊管产生咬边缺陷的原因分析
［J］.钢管，2016，10（5）：38-40.

［17］蒋庆彬.焊接缺陷对于构件疲劳强度的影响分析［J］.大科技，2012，11：291.

［18］吴晖，杜忠民，敖庆章.船舶焊接缺陷类别、产生原因和防止措施［J］.舰船电子工
程，2009，4：189-191.

［19］郑虹，唐海燕，张青.咬边缺陷分析及对策［J］.机械设计与制造，2002，（1）：
73-74.

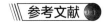

［20］王立柱，张婷婷，王亚彬，刘涛，游方芳，徐佳.直缝管产生单侧咬边和焊偏缺陷的原因分析［J］.焊管，2015，8：66-68.

［21］卢振洋.焊缝咬边形成机理及高速焊工艺研究［D］.北京：北京工业大学，2006：6.

［22］祁翔.对载流直导线磁场计算公式的讨论［J］.铜仁学院报，2008，1：111-113.

［23］王立柱等.电弧磁偏吹的产生及控制［J］.钢管，1999，10：20-23.

［24］肖凡，吴选岐.螺旋埋弧焊钢管生产过程中咬边缺陷的预防［J］.焊管，2007，6：72-74.

［25］刑立坤，马明亮.螺旋缝埋弧焊管焊缝气孔产生原因综合分析及防止措施［J］.焊管，2009，（3）：61-64.

［26］张继建，罗天宝，成晓光，王丙营.螺旋埋弧焊管焊缝夹珠型气孔的形成与清除［J］.焊管，2009，（6）：55-58.

［27］毛浓召.螺旋埋弧焊钢管产生连续气孔、铁豆原因分析［J］.焊管，2000，（6）：41-43.

［28］李东，刘庆才.直缝焊管预焊缺陷对埋弧焊质量的影响及控制［J］.焊管，2007，（4）：61-64.

［29］王立柱，吴亚军，曹华勇，刘鉴卫.厚壁直缝埋弧焊管焊缝熔合线夹渣产生的原因［J］.钢管，2013，（4）：68-70.

［30］济南钢铁集团总公司，东北大学轧制技术与连轧自动化国家重点实验室.中厚板外观缺陷的种类、形态及成因［M］.北京：冶金工业出版社，2005.

［31］吴毅雄.焊接手册［M］.北京：机械工业出版社，2007.

［32］张涵，王立柱，常荣玲，惠懿伟.直缝埋弧焊管焊缝跟踪方法与焊偏分析［J］.焊管，2009，（3）：48-51.

［33］周浩森.焊接结构生产及装备［M］.北京：机械工业出版社，1992.

［34］孙景荣等.实用焊工手册［M］.北京：化学工业出版社，1997.

［35］孟邹清.含缺陷压力管道承载能力分析［D］.北京：北京化工大学，2006：9.

［36］刘鉴卫，曹华勇，王亚彬，韩铁利，陈小伟，王立柱，李志华.直缝埋弧焊管常见缺陷产生原因及预防措施［J］.钢管，2018，（3）：35-42.

［37］杨昱，叶振忠.GMAW送丝速度稳定性的研究［J］.焊接技术，2002，（3）：48-49.

［38］孙强，何实，陈佩寅，霍树斌.焊丝送丝性能与焊丝表面状态关系研究［J］.焊接，2009，（9）：37-39.

［39］王杭安.送丝系统对GMAW电弧稳定性的影响及改善对策［J］.电焊机，2007，

（11）：72-73.

［40］王立柱，高振宇，耿亮，李志华，张伟，刘军.小直径薄壁直缝埋弧焊管焊接缺陷探讨

［J］.钢管，2017，（4）：38-40.

［41］王宗杰.熔焊方法及设备［M］.北京：机械工业出版社，2006.

［42］高惠临.管线钢与管线钢管［M］.北京：中国石化出版社，2012.

［43］王立柱，韩铁利，张金利，陈龙，孙永琪，吕育栋.直缝埋弧焊管氢致缺陷的防止措施

［J］.钢管，2021，（6）：9-41.

附　　录

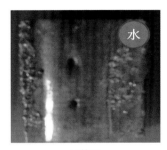 

(a)外观　　　　　　　　　　　　(b)宏观

图2-9　氢气孔

 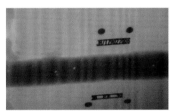

(a)外观　　　　　　　　　　　(b)工业电视图像

图2-10　一氧化碳气孔

(a)宏观　　　　　　　　　　　(b)工业电视图像

图2-12　夹珠

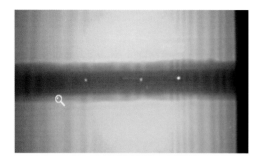

图3-6 工业电视气孔图像

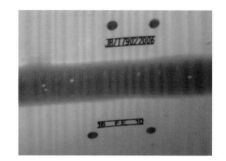

图3-9 工业电视图像

(a)工业电视图像

(b)焊缝内缺陷

(c)宏观图

(d)局部放大

图3-11 夹珠

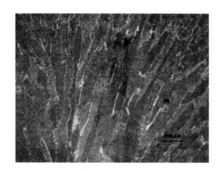

图3-13 裂纹图片

图4-3 焊缝中铜裂

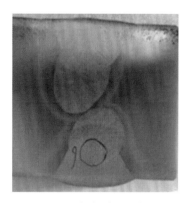

图4-7　根部焊偏及未焊透

图5-13　X射线缺陷

(a)工业电视图像

(b)宏观

(c)局部放大

图5-18　重金属夹杂

图5-19　工业电视气孔

图5-22　咬边

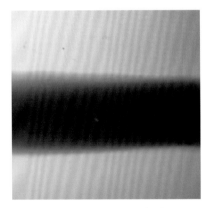

图6-12 工业电视气孔

(a)工业电视裂纹　　(b)裂纹宏观　　(c)表面裂纹　　(d)裂纹断面

图7-4 管尾裂纹

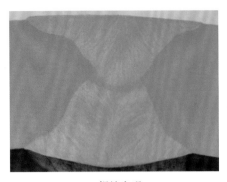 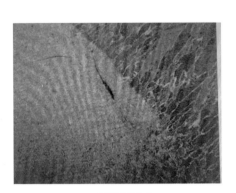

(a)焊缝宏观　　　　　　　　　　(b)局部放大

图7-6 未熔合（17.5mm）